PROLOGUE

PHYSICIEN ICONOCLASTE POUR THÉORIE BIEN MYSTÉRIEUSE…

Ce que vous vous apprêtez à faire est dangereux. Pénétrer l'étrangeté du monde quantique est un voyage fabuleux dont on ne ressort pas indemne…

C'est un monde où de mystérieux chats sont à la fois morts et vivants, où de malicieuses souris font exister la lune rien qu'en l'observant, où certaines interactions se font hors de l'espace et du temps, où une chose peut être à deux endroits à la fois et aller d'un lieu à l'autre sans passer par un quelconque lieu intermédiaire… C'est aussi un monde où tout n'est que probabilités et ondes imaginaires, où la matière se révèle n'être que vibrations éphémères en perpétuelle re-création, où le

« L'instant le plus heureux d'une vie humaine est le départ vers une terre inconnue. »

Sir Richard Francis Burton,
Extrait de son journal

si mal nommé « vide » est empli d'une énergie prodigieuse, où l'infiniment petit s'enchevêtre avec l'infiniment grand, où les univers parallèles se multiplient à volonté, où l'absurde côtoie le divin...

Pure construction intellectuelle pour amoureux des langages abstraits ? Bizarrerie mathématique pour adeptes des questionnements métaphysiques ? Excentrique théorie scientifique aux frontières de la philosophie et de la folie ? Beaucoup pourraient être tentés de répondre par l'affirmative si le pouvoir prédictif de cette théorie ne s'était pas révélé aussi puissant que révolutionnaire ! Car la physique quantique, malgré tout l'insensé dont elle semble se parer, est une théorie extrêmement bien vérifiée expérimentalement. Si bien, d'ailleurs, qu'elle en est même parfois déroutante, particulièrement lorsqu'il s'agit des interactions entre lumière et matière.

La physique quantique n'est cependant pas qu'une beauté cachée qui réserverait ses énigmatiques splendeurs aux explorateurs du monde microscopique... Nous n'en avons pas conscience, mais elle est présente dans presque chaque geste de notre quotidien : lorsque nous faisons glisser nos doigts sur notre smartphone, lorsque nous pianotons sur le clavier d'un ordinateur et, de façon générale, à chaque fois que nous utilisons un appareil comportant des composants électroniques ! Car sans la physique quantique, pas de compréhension du fonctionnement des diodes et des transistors, donc pas de circuit intégré, ni de microprocesseur ou de mémoire flash. Sans physique quantique, pas d'onde de matière, donc pas d'horloge atomique ni de GPS. Sans physique quantique, pas de laser, pas de train à lévitation magnétique, pas d'imagerie médicale ultra-précise, pas de communication ultra-sécurisée.

Et demain, quand nous voterons, utiliserons notre carte bancaire, nous habillerons ou nous déplacerons sur Terre ou dans l'espace… notre environnement sera constellé d'appareils que la physique quantique a permis de créer en laboratoire : de l'ordinateur quantique à la téléportation quantique, en passant par les nouveaux matériaux comme le graphène ou les nanotubes de carbone.

Mais il y a plus, comme dirait l'enchanteur radiophonique Jean-Claude Ameisen : de récentes recherches ont en effet montré l'existence d'effets quantiques dans le domaine du vivant (chez les plantes, lors de la photosynthèse par exemple, ou dans les yeux de certains oiseaux migrateurs), domaine jusque-là exclu en raison de son extrême complexité, jugée rédhibitoire pour la préservation du si fragile phénomène de cohérence quantique. Même la conscience, ou du moins la transformation d'une information en constatation consciente par un esprit humain, semble aujourd'hui en passe d'être reliée à des interactions de nature quantique...

Oui, décidément, comme le souligne le physicien Steven Weinberg, « le jour où l'on découvre la physique quantique, on n'est plus jamais le même ». C'est donc bien à un voyage extraordinaire – au sens premier du terme – que ce livre vous convie.

Erwin Schrödinger en 1940, à l'âge de 53 ans

Et qui mieux qu'Erwin Schrödinger (1887-1961), parmi l'ensemble des principaux découvreurs et artisans de cette théorie, pourrait nous servir de guide ? Il n'est certes pas aussi connu que Planck, Einstein ou

Feynman, peut-être pas aussi visionnaire que Bohr, de Broglie ou Pauli, et assurément moins précoce que Dirac, von Neumann ou Heisenberg… (Pas de panique, si les noms de ces physiciens ne vous disent rien, c'est que ce livre est fait pour vous !) Mais toute la vie et l'œuvre d'Erwin Schrödinger sont à l'image de la physique quantique.

D'âge intermédiaire, entre les deux générations de physiciens qui se sont affrontées à la naissance de la physique quantique, il a été de presque toutes ses étapes-clés : en établissant l'équation centrale de cette théorie – l'équation de Schrödinger –, dont la résolution est à l'origine des principales applications technologiques actuelles ; en réalisant la synthèse entre les deux versions majeures de la théorie (la mécanique des matrices d'Heisenberg, Born et Jordan, et la mécanique ondulatoire qu'il a lui-même établie à la lumière des travaux du Français Louis de Broglie) ; en critiquant l'interprétation standard de la théorie avec son célèbre chat mort-vivant et l'introduction, avec son ami Albert Einstein, de la notion fondamentale d'intrication quantique ; en poursuivant son opiniâtre recherche, hélas infructueuse, d'une super-théorie qui unifierait les deux grands piliers de la science actuelle que sont la physique quantique et la relativité générale ; en se passionnant pour la philosophie et les liens entre science et spiritualité ; et enfin, en ouvrant la voie à ce qui deviendra, quatre-vingts ans plus tard, le révolutionnaire domaine de la biologie quantique…

Et si Erwin Schrödinger fut iconoclaste dans son approche de la science, il le fut tout autant dans ses relations amoureuses, ses amitiés et ses choix de vie. Esprit libre, rejetant les conventions de toutes sortes, il a profondément marqué la science de son époque et en a largement bousculé les consciences. Son travail scientifique et philosophique n'a de cesse d'être redécouvert et apprécié à une plus juste valeur, comme si le temps avait été nécessaire pour en saisir toute la portée visionnaire.

« Inventer, c'est penser à côté », disait Einstein. Quelle plus belle illustration que la vie et l'œuvre de Schrödinger, dont chaque élément peut éclairer le grand livre de la physique quantique !

CHAPITRE 1

PRÉLUDE AU VOYAGE

La physique quantique résumée en trois mots et dix questions !

« Il n’est pas nécessaire de construire un labyrinthe, quand l’Univers déjà en est un », soulignait le poète argentin Jorge Luis Borges. Ce premier chapitre se veut fil d’Ariane dans vos pérégrinations quantiques. À la fois carnet de bord et invitation au voyage, résumant les notions et principes quantiques exposés et développés dans la suite du texte.

Quelques réponses, immédiates et concises, aux questions que vous vous posez sûrement sur cette intrigante théorie : de quoi parle la **physique quantique** ? Quels en sont ses principes ? En quoi diffère-t-elle des autres théories ? Pourquoi la lumière y joue-t-elle un rôle important ? Que signifie le mot *quantique* ?

« Tout voyageur est d'abord un rêveur. »

Bruce Chatwin, *En Patagonie*

Ce chapitre a également pour vocation de vous immerger tout de suite dans cette fantastique théorie et de vous permettre de répondre, en trois mots ou trois phrases, à votre voisin de transat qui vous demande avec insistance ce qu'est donc cette fameuse physique quantique... Évidemment, si vous savez déjà répondre à cette question, vous pouvez sauter ce chapitre. Inversement, si l'évocation de certains termes techniques ou noms de savants autrichiens baladeurs vous fait perdre pied, pas de panique, les lignes qui suivent devraient vous aider à mettre de la couleur sur votre chemin.

Signalons tout d'abord qu'il n'est pas question, ici, de vouloir atteindre le sommet de l'Everest quantique ! L'idée générale est de vous outiller pour en gagner le premier camp de base, de vous donner les clés pour vous permettre d'être autonomes dans votre ascension ultérieure par la face nord...

Mais attention, il ne s'agit pas non plus de vous soustraire au plaisir aérien de saisir des choses difficiles ! Si certaines simplifications et analogies, forcément approximatives, sont au programme, il n'en reste pas moins que l'aventure demandera de l'attention, de l'envie et un certain effort de votre part. Comme aime à le partager l'acteur-poète Jacques Gamblin : « Pas de pression, pas d'enjeu. De l'envie, du jeu et de la joie ! »

LA PHYSIQUE QUANTIQUE EN TROIS MOTS

De la même façon qu'Einstein a montré, avec la célèbre formule $E = mc^2$ issue de sa théorie de la relativité, que « tout était énergie », on pourrait résumer l'essence de la physique quantique par les trois mots suivants :

« Tout est vibration ! »

Tout est vibration, tout est « onde ». Comme celles qui apparaissent à la surface de l'eau quand on y jette un caillou, ou celles qui parcourent les épis de blé dans le vent, ou encore celles qui prennent vie dans les instruments de musique... Mais à la différence de ces ondes physiques qui peuplent notre quotidien, les ondes quantiques ne sont ni matérielles (contrairement aux ondes sonores), ni visibles (contrairement aux ondes lumineuses), ni même observables par quelque moyen que ce soit. Ce sont des ondes abstraites, appartenant à un autre monde, un monde mathématique imaginaire... mais qui a tout de même des effets physiques sur le nôtre !

Comment est-ce possible ? Quel est le lien entre ces deux mondes ? Quelle est la nature de ce lien entre ce monde abstrait et le monde *réel* qui nous entoure ? Subtil et perturbant questionnement qui a conduit les scientifiques à revoir le concept de *mesure*, à comprendre en profondeur ce que signifiait *observer*, et par là même à redéfinir la notion même de réalité...

LA PHYSIQUE QUANTIQUE EN DIX QUESTIONS

1. QUAND ET POURQUOI LA PHYSIQUE QUANTIQUE A-T-ELLE ÉTÉ CRÉÉE ?

La physique quantique est l'une des deux théories fondamentales majeures de la physique d'aujourd'hui, l'autre étant la relativité générale d'Einstein.

Ses principes ont été progressivement établis au cours des années 1900-1930 par un collectif de chercheurs, essentiellement européens. Si Albert Einstein a introduit la notion de grain de lumière en 1905, puis Louis de Broglie celle d'onde de matière en 1923, c'est principalement les physiciens Werner Heisenberg, Erwin Schrödinger, Paul Dirac, Niels Bohr, Wolfgang Pauli et John von Neumann qui ont finalisé et formalisé la théorie telle qu'on la connaît aujourd'hui.

La physique quantique fut en fait créée en réponse à des observations et expériences impossibles à expliquer simplement avec les théories de l'époque (c'est-à-dire essentiellement la mécanique et l'électromagnétisme), qui furent par la suite qualifiées de *classiques*, par opposition à *quantique*.

L'essentiel des expériences et observations incomprises à l'époque font intervenir les interactions entre lumière et matière (par exemple, le problème du rayonnement émis par un corps à température constante).

2. QUE VEUT DIRE LE MOT « QUANTIQUE » ?

Ce mot vient du latin *quantum* qui signifie *combien*. Son sens actuel est *petit grain*, sous-entendu *petit grain d'énergie*, si rien n'est précisé concernant la nature de ce grain. Au sens large, le mot *quantique* fait référence à tout ce qui peut, de près ou de loin, être relié à un effet ou à une notion de physique quantique. Ainsi, un effet quantique n'est rien d'autre qu'un effet prédit, ou décrit, par la physique quantique.

De façon plus précise, un quantum (pluriel *quanta*) est la quantité minimale qu'une grandeur physique peut prendre lors d'une interaction entre deux choses. On dit alors qu'il y a **quantification** de la grandeur caractérisant cette interaction.

L'acception *petit grain d'énergie* fait référence au fait qu'il a été démontré que la lumière possède un aspect granulaire, sous forme de quanta d'énergie appelés aussi *photons*, et que, de façon générale, tout ce qui existe autour de nous présente un tel comportement granulaire. Les atomes, par exemple, que nous concevons aisément comme des grains de matière, possèdent également en eux une structure énergétique granulaire. Même l'espace et le temps pourraient en fait être, selon les dernières spéculations théoriques, structurés en grains d'espace-temps...

3. QUELLES SONT LES EXPÉRIENCES EMBLÉMATIQUES DE LA PHYSIQUE QUANTIQUE ?

De multiples expériences ont été nécessaires pour confirmer la pertinence des principes et notions révolutionnaires que les découvreurs de la physique quantique ont progressivement introduits.

La plus emblématique est sans conteste l'expérience des **fentes d'Young**, que nous verrons en détail par la suite (voir p. 32) et dans laquelle deux fentes sont utilisées pour mettre en évidence la notion d'onde de probabilité associée à une seule particule, que celle-ci soit de matière (un électron ou un atome, par exemple) ou de lumière (un photon).

D'autres expériences-clés ont permis d'asseoir la théorie à ses débuts, en particulier celles démontrant la quantification de l'énergie (lumineuse ou atomique), l'existence du **spin** et la réalité physique des **ondes de matière**. Parmi les expériences plus récentes, on peut citer celles qui ont prouvé la réalité des phénomènes d'**intrication** et de **non-localité** (grâce aux travaux d'Alain Aspect, en 1981, puis de Ronald Hanson, en 2015) et celles en lien avec la découverte de particules élémentaires comme le boson de Higgs, en 2012.

Dans les années 1990, ce sont d'autres portes qui s'ouvrent, avec la réalisation pratique de la téléportation quantique et la production d'ondes de matière cohérentes (ce qui vaudra le prix Nobel au français Claude Cohen-Tannoudji en 1997). Enfin, depuis 2010, ce sont l'**informatique quantique** et la **biologie quantique** qui prennent leur envol par l'intermédiaire de multiples expériences, publiques ou privées, à travers le monde entier.

4. EST-CE UNE THÉORIE BIEN VÉRIFIÉE ?

La physique quantique est une théorie extrêmement bien vérifiée. Sa version augmentée, appelée *électrodynamique quantique* (QED pour les intimes), dans laquelle les interactions lumière-matière ainsi qu'une forme restreinte de la relativité d'Einstein sont prises en compte, est même considérée comme LA théorie la mieux vérifiée de tous les temps ! (En compétition pour ce titre avec la **relativité générale** d'Einstein, d'autant plus depuis la détection en 2015 des fameuses ondes gravitationnelles prédites par cette théorie.)

L'électrodynamique quantique ne peut cependant pas s'appliquer à des quantités importantes d'atomes et de matière, pour lesquelles la version simplifiée de la physique quantique (celle exposée principalement dans ce livre) est utilisée pour décrire les phénomènes observés. Dans ce cas également, l'accord entre prédictions et mesures est extrêmement précis, même s'il existe des effets quantiques anormaux (entre autres en biologie et dans le domaine de la supraconductivité, par exemple) qui interrogent et laissent la porte ouverte à de nouvelles avancées.

5. À QUELS OBJETS LA PHYSIQUE QUANTIQUE S'INTÉRESSE-T-ELLE ?

Bien que le domaine principal d'application de la physique quantique soit celui de l'infiniment petit, il existe des effets quantiques à toutes les échelles de la nature, de l'échelle sub-microscopique des sous-constituants élémentaires d'un atome à l'échelle astronomique de l'Univers, en passant par l'échelle humaine et industrielle.

La physique quantique s'intéresse donc à tous les objets, des plus petits aux plus gros ! On pourrait même dire sous forme lapidaire que « tout est quantique » !

Il est en effet possible d'associer une onde quantique à tout objet ou ensemble d'objets, même si les propriétés quantiques des objets du quotidien ne nous sont pas accessibles ou, du moins, très difficilement. Il y a d'ailleurs un domaine de recherche à part entière qui étudie où se situe la frontière entre le monde fortement quantique observé au niveau des atomes et celui, beaucoup moins quantique en apparence, dans lequel nous vivons au jour le jour.

6. EN QUOI CETTE THÉORIE DIFFÈRE-T-ELLE DES AUTRES ?

Contrairement à la relativité générale, l'autre grand pilier de la physique moderne, la physique quantique ne repose pas sur un grand principe, quasi-philosophique, comme le principe de relativité du mouvement pour la théorie éponyme. La physique quantique fait en effet appel à toute une liste de principes, que certains qualifient parfois de recettes, et dont la justification est encore à ce jour sujette à controverses. Ces étranges recettes ont recours à de non moins étranges ingrédients, comme les notions d'*onde de probabilité*, de *spin* ou de *saut quantique*.

D'une manière générale, la physique quantique marque la fin des certitudes en sciences et conduit à une remise en question globale et profonde de tous les concepts usuels de la physique : localité, réalisme, mesure, espace, temps, causalité, vide... Même les concepts d'univers unique et d'existence en soi semblent abolis !

La physique quantique a également ceci de singulier qu'elle nécessite une interprétation ; une interprétation physique de son formalisme mathématique très particulier. Cependant, bien que plusieurs interprétations soient aujourd'hui en concurrence pour tenter de comprendre ce que signifie réellement cette théorie, la plupart des scientifiques actuels suivent à la lettre la boutade du physicien David Mermin – « Tais-toi et calcule ! » – en ne se concentrant que sur les aspects hautement prédictifs et techniques de la théorie.

7. ET S'IL N'Y AVAIT QU'UN SEUL ET UNIQUE PRINCIPE QUANTIQUE À RETENIR ?

S'il n'y avait qu'un principe à retenir, ce serait celui appelé *dualité onde-corpuscule*.

D'aucuns sourcilleront car ce n'est en réalité pas vraiment un principe (c'est davantage une propriété émergente de la théorie, qui n'a donc pas à être postulée au départ), et que cette expression de *dualité* est souvent source d'incompréhensions et d'utilisations incorrectes ou abusives.

La dualité onde-corpuscule résume pourtant finalement très bien l'essentiel de la physique quantique, à savoir que tout est onde, vibration. La lumière et la matière ont donc un double visage, à la fois corpusculaire – c'est-à-dire sous forme de petites particules – et ondulatoire – c'est-à-dire sous la forme d'une onde. Cette onde n'est cependant pas réelle. Elle est abstraite et vit dans un espace mathématique distinct de notre espace physique, réel, celui dans lequel nous existons. Ce principe de dualité onde-corpuscule est donc plutôt à remplacer par le principe suivant: «tout peut être représenté par une onde quantique».

D'un point de vue plus technique, on parle davantage d'**état quantique**, et la phrase correcte est donc plutôt: «tout peut être représenté par un état quantique».

8. QUELS SONT LES GRANDS DOMAINES D'APPLICATION DE LA PHYSIQUE QUANTIQUE?

De par son origine, la physique quantique est la science idéale pour décrire les différentes sous-structures de la matière: les atomes et leurs composants – les électrons, protons et neutrons –, mais également toutes les particules encore plus petites – les neutrinos, les quarks... Ce domaine d'application a trait à la célèbre physique des particules, qui tente de comprendre la nature et les propriétés des particules élémentaires, comme le fameux boson de Higgs.

Champ, force, énergie…

Si « chaque mot est un préjugé », comme nous met en garde Friedrich Nietzsche, les mots de la science le sont doublement. La plupart des termes scientifiques possèdent en effet une acception qui diffère grandement de leur sens commun.

La notion de « force », par exemple, fait référence à toute interaction susceptible de modifier le mouvement d'un objet. Si cet objet se déplace sous l'effet de cette force, on dit alors que celle-ci fournit un travail, c'est-à-dire qu'il y a transfert d'énergie d'un point à un autre. L'énergie, quant à elle, est une grandeur protéiforme (énergies cinétique et potentielle, chaleur, travail…) qui a la propriété de pouvoir facilement passer d'une forme à une autre, mais sans perte globale. L'ascension d'une montagne, par exemple, permet de convertir une énergie biologique en de multiples formes d'énergie, en chaleur et en énergie potentielle de pesanteur notamment.

S'il existe en pratique une multitude de forces (de pression, de friction, de Coriolis…), notre compréhension actuelle de la physique les fait toutes dériver de seulement quatre forces, dites *fondamentales* : la force de gravité, la force nucléaire faible, la force électromagnétique et la force nucléaire forte (par ordre d'intensité croissante). À chacune de ces forces est associé un **champ**, c'est-à-dire une grandeur physique définie en tout point de l'espace et à tout instant, un peu comme la hauteur d'eau en un point de la surface de la mer. Les particules de matière sont alors vues comme des excitations de ces champs (comme des rides ou vaguelettes), et leurs interactions se font également par l'intermédiaire de particules nées de ces champs sous-jacents.

Il existe en fait tout un ensemble de théories quantiques, appelées *théories quantiques des champs*, issues du mariage entre la physique quantique et une version simplifiée de la relativité d'Einstein. Parmi celles-ci, l'électrodynamique quantique a trait aux interactions entre lumière et matière, alors que la chromodynamique quantique s'intéresse à la structure des noyaux atomiques.

Un autre domaine d'application important est celui de la chimie quantique, dans lequel on essaye de comprendre et modéliser la manière dont les atomes s'associent pour former des liaisons chimiques et des molécules. Dans un autre domaine, celui de la physique du solide, on tente de comprendre la structure de la matière à notre échelle, pourquoi un matériau est solide, pourquoi et comment il conduit l'électricité et la chaleur, s'il est possible de construire de nouveaux matériaux... Ce domaine est intimement lié à ceux de la microélectronique et des nanotechnologies.

9. EN QUOI SOMMES-NOUS CONCERNÉS PAR LA PHYSIQUE QUANTIQUE ?

Tout d'abord, la physique quantique est depuis longtemps sortie des laboratoires de recherche !

Quelques exemples ? Les composants de tous les appareils électroniques (diodes laser, transistors, mémoires flash...) sont fondés sur un effet quantique appelé *effet tunnel* ; les systèmes de type GPS dépendent de références de temps ultra-précises et stables fournies par des horloges atomiques ; l'énergie nucléaire ou solaire que nous consommons dépend aussi de processus quantiques ; de même que la chirurgie laser et les techniques de visualisation médicale. De façon générale, quasiment tous les processus physiques ayant lieu autour de nous, de la photosynthèse au fait que notre main ne traverse pas la feuille ou la tablette que nous tenons, relèvent de cet étrange et fascinant monde quantique.

La physique quantique est également très présente dans notre quotidien sous la forme de... mots ! Ces « passants mystérieux de l'âme, grands magiciens et redoutables entraîneurs de foules », comme se plaisait à les appeler Raymond Poincaré. Le terme « quantique » est en effet très à la mode et la littérature regorge de déclinaisons quantiques en tous genres, dans moult domaines qui n'ont *a priori* rien à voir avec le champ d'application usuel de la physique quantique : médecine, philosophie, sport, arts et diverses spiritualités.

Mais en ouvrant ce livre, vous avez fait le choix de vouloir comprendre le sens réel des mots quantiques, employés parfois à tort et souvent à travers... Vous vous êtes donné l'opportunité de pouvoir faire le tri entre des propos abusifs ou malhonnêtes et des propositions qui, même si elles ne sont pas mathématiquement ou physiquement correctes, n'en restent pas moins intéressantes, inspirées ou inspirantes.

Enfin, si aujourd'hui la physique quantique occupe indirectement notre quotidien, il est certain qu'elle l'envahira directement demain ! Nanoparticules et nouveaux matériaux ultrafins comme le graphène, cryptographie quantique pour assurer la sécurité bancaire et les votes électroniques, intelligence artificielle et ordinateurs du futur, biologie quantique...

10. POURQUOI LA LUMIÈRE JOUE-T-ELLE UN GRAND RÔLE EN PHYSIQUE QUANTIQUE ?

La lumière a joué, et continue de jouer, un rôle majeur en physique quantique, et ce pour plusieurs raisons. Tout d'abord, c'est de l'étude de sa nature, au début du XXe siècle, qu'est née la physique quantique. Son rôle historique est en fait crucial à plus d'un titre : par exemple, sa nature granulaire, en petits paquets d'énergie appelés par la suite *photons*, conduisit à l'importante notion de *quantification*, tandis que les propriétés aléatoires de ses interactions avec la matière (par sauts quantiques se produisant au hasard) convainquirent les scientifiques de la nature fondamentalement probabiliste du monde observable.

C'est enfin de sa double nature, à la fois ondulatoire (les ondes lumineuses) et corpusculaire (les photons), que Louis de Broglie et Erwin Schrödinger eurent l'idée d'associer une onde à toute particule, généralisant ainsi le concept de dualité onde-corpuscule à toute entité, qu'elle soit d'origine lumineuse ou matérielle.

La lumière est également précieuse pour sonder la matière : en analysant la lumière émise ou absorbée par un atome, on peut en effet déterminer son code-barres énergétique, quel que soit le lieu de l'atome, sur Terre ou au fin fond de l'Univers. Du fait de son extrême pureté et maniabilité (avec des lasers et instruments d'optique, par exemple), la lumière est en fait indispensable à quasiment tous les dispositifs expérimentaux de la physique quantique, que ce soit pour préparer, contrôler ou bien mesurer les grandeurs et systèmes physiques considérés. La facilité avec laquelle la lumière permet de créer des états quantiques superposés et intriqués explique d'ailleurs pourquoi elle est au cœur des domaines de l'**information quantique** et de la **téléportation quantique**.

Enfin, puisque la lumière véhicule l'interaction électromagnétique entre particules de matière, elle est également l'une des briques élémentaires de la théorie plus générale appelée *électrodynamique quantique*. Grains de pure énergie, les photons sont aujourd'hui des systèmes modèles pour tester les spéculations les plus audacieuses concernant les extensions possibles de la physique quantique.

CHAPITRE 2

LA LUMIÈRE ET SON DOUBLE VISAGE

Plusieurs expériences et phénomènes démontrent la nature fondamentalement double de la lumière, qui est à la fois onde et assemblée de particules, les photons. Cette dualité onde-corpuscule est la première manifestation connue d'une nouvelle théorie appelée physique quantique.

Rien de ce qui existait avant le XXe siècle n'aura été exempt d'une révolution profonde et irréversible de ses fondements, et ce dans tous les domaines de la connaissance et de la vie : politique, économie, philosophie, médecine, domaines de l'éducation, de la littérature, de la peinture, de l'architecture, de la musique, de la linguistique, des mathématiques, de la physique, de la biologie... Dans chacun de ces domaines, les connaissances, techniques et valeurs se sont en effet vues radicalement

« Ce n'est pas la lumière qui manque à notre regard, c'est notre regard qui manque de lumière. »
Gustave Thibon,
Notre regard qui manque à la lumière

et définitivement transformées durant la première moitié du XXe siècle. L'une des caractéristiques communes à ces multiples révolutions intellectuelles et humaines est, de façon amusante, intimement liée à une propriété majeure de la physique quantique : l'effondrement des certitudes !

Sur l'espace et le temps, d'abord, mais aussi sur la matière, sa stabilité, son immuabilité, sa localisation même... Effondrement des certitudes concernant la lumière également, dont la mystérieuse double nature – ondulatoire et corpusculaire – servira de « parchemin » à Albert Einstein, Max Planck et Niels Bohr pour signer l'acte de naissance de la physique quantique.

1900 : UNE ANNÉE CHARNIÈRE À PLUS D'UN TITRE

Par une résonance subtile et un goût prononcé pour les fins de siècles, la plupart des révolutions mentionnées précédemment ont choisi comme date inauguratrice l'année 1900.

En mathématiques, par exemple, c'est David Hilbert (1862-1943) qui, au mois d'août de cette année, en a déclenché l'explosion en fournissant à la fois le Programme révolutionnaire (la méthode), et une liste de 23 problèmes qui conduiront à une remise en question totale de la structure et des fondements des mathématiques (dont le point d'orgue sera atteint en 1931 par le mathématicien Kurt Gödel avec son fameux théorème d'incomplétude, qui met à bas la cohérence interne de pans entiers des mathématiques).

Dans le domaine artistique, alors que Paul Cézanne peint *Les Grandes Baigneuses* et qu'Antoni Gaudi achève son immeuble, la casa Calvet, à Barcelone, c'est tout l'art nouveau qui prend son essor à l'orée du XXe siècle ! Gustave Klimt pense à sa voluptueuse *Judith*, Arnold Schönberg à l'abandon du système tonal, pendant qu'Hector Guimard dessine les bouches Art nouveau du métro parisien... 1900, c'est aussi l'année de la première exposition de Pablo Picasso à Paris, comme un manifeste en devenir, préfigurant les révolutions cubistes, dadaïstes et surréalistes de l'art moderne naissant.

Apogée de la gloire de Rudyard Kipling, mort d'Oscar Wilde, naissance de Louis Armstrong, de Jacques Prévert, d'Antoine de Saint-Exupéry, de Luis Buñuel, de Robert Desnos... pendant que le magicien Harry Houdini devient célèbre en faisant le tour des capitales européennes !

Du côté de la philosophie, c'est la mort de Friedrich Nietzsche, combinée aux réflexions métaphysiques de Bertrand Russel, qui ouvre le siècle de l'existentialisme et de la philosophie analytique.

C'est aussi l'année de publication du premier grand ouvrage d'Edmund Husserl alors que Karl Gustav Young finit sa thèse et que Sigmund Freud peaufine sa théorie de la psychanalyse.

Si Rosa Luxembourg, militante socialiste, et Lady Welby Victoria, philosophe du langage, sont au faîte de leur notoriété, c'est aux effluves intellectuels de l'Inde que le nouveau siècle s'ouvre. Par le biais du poète et ami d'Einstein Rabindranath Tagore, mais aussi par le moine philosophe Vivekananda qui, faisant connaître l'hindouisme et le Vedānta en Occident, aura une profonde influence sur la pensée de nombreux scientifiques européens, Schrödinger en particulier.

En physique, justement, c'est l'Anglais Lord Kelvin qui, en avril 1900, initie le bouleversement en exposant officiellement, dans un cours devenu célèbre, les deux turbulences majeures que la **physique classique** traversait à l'époque – le problème de l'existence de l'éther et le problème dit du *corps noir,* dont nous reparlerons – deux problèmes ayant finalement donné naissance aux deux grandes théories du XXe siècle : la théorie de la relativité et celle de la physique quantique.

Huit mois après, en décembre 1900, une autre étape est franchie avec la proposition, par Max Planck, de la quantification des échanges d'énergie entre lumière et matière. Initialement pensée comme un artifice mathématique pour tenter de résoudre le problème spécifique du corps noir, cette proposition contenait alors, sans le savoir, le germe du futur changement de paradigme que la physique quantique porterait en son cœur.

Moment charnière dans les sciences et la culture, le début des années 1900 est également annonciateur d'un renouveau mondial politique, économique et social, aussi libérateur qu'effroyable ! Si la fin du règne de la reine Victoria coïncide en effet avec le début de la croissance africaine, qui aboutira cinquante ans plus tard à la décolonisation, il n'en reste pas moins que cette époque voit se multiplier les persécutions de toutes sortes.

À l'exposition universelle de Paris, succède la première tentative de génocide durant la seconde guerre des Boers en Afrique du Sud... laissant augurer de sombres lendemains pour les 1,6 milliard d'êtres humains de l'époque, parmi lesquels un jeune collégien autrichien de treize ans prénommé Erwin, polyglotte et passionné de théâtre, qui ne sait pas encore que son patronyme deviendra le symbole même de cette nouvelle physique révolutionnaire où toute chose est à la fois onde et corpuscule, à commencer par celle, insondable et mystérieuse, dans laquelle nous baignons à l'instant même : la lumière.

LA LUMIÈRE EST-ELLE UNE ONDE ?

Tout, ou presque, portait à croire, à la fin du XIXe siècle, que la science était finie, complète, que les principales lois de la Nature avaient été répertoriées et qu'il ne restait plus qu'à régler quelques problèmes mineurs... Le physicien

Albert A. Michelson estimait même, en 1894, que l'avenir de la science serait à chercher à la sixième décimale, c'est-à-dire qu'il résiderait uniquement dans l'amélioration de la précision des calculs et appareils de mesure...

Parmi les problèmes « mineurs » de l'époque, deux semblaient pourtant inextricables, les deux fameux petits *nuages* dont Lord Kelvin a fait un état des lieux à la Royal Institution de Londres en août 1900. L'un concernait le mouvement relatif de la Terre par rapport à l'éther, ce très ténu et hypothétique milieu continu dont on supposait à l'époque qu'il remplissait l'espace (pour « tenir le monde ») ; l'autre concernait le lien entre chaleur et énergie, et plus particulièrement la façon dont les corps solides absorbent de l'énergie. Le problème associé était appelé problème de la chaleur spécifique anormale. Il faisait référence au fait que la chaleur spécifique (la quantité d'énergie nécessaire pour augmenter d'un degré la température d'une substance d'un kilogramme) diminuait avec la température, en contradiction avec les théories classiques de l'époque qui la prédisaient constante.

Ce second « nuage » était également en lien avec le problème de l'émission de lumière par un corps à température constante. Il fut appelé *problème du corps noir*, puisqu'un tel corps à température ambiante n'émet pas de lumière visible et nous apparaît donc noir ! (Bien sûr, une onde lumineuse peut ne pas être visible, comme notre peau aime à nous le rappeler en été lorsqu'elle est baignée d'invisibles rayons solaires ultraviolets...) Ce problème du corps noir venait du fait que l'intensité de ces ondes lumineuses, telle que mesurée expérimentalement, ne coïncidait pas avec celle prévue par une approche classique.

De ces deux problèmes naîtront pourtant les deux grands piliers de la physique moderne, tous deux annoncés par Einstein dans une géniale série d'articles au cours de l'année 1905.

Une fin de science bien relative...

Il est amusant, bien que symptomatique, de constater que l'annonce exaltée de la fin de la science revient périodiquement, avec une préférence notable pour les fins de siècles... En cela, la fin du XXe siècle n'a rien à envier à la fin du XIXe siècle, puisqu'il y fut annoncé avec beaucoup d'emphase qu'une « théorie du tout » était sur le point d'aboutir (ce qui, bien sûr, ne fut pas le cas).

Comme un clin d'œil voltairien, il se trouve que c'est justement durant ces présomptueuses périodes que divers expériences, calculs ou observations vinrent mettre à bas ou, du moins, craqueler le bel édifice. En écho à ceux de Lord Kelvin en 1900, les nuages actuels se nomment *matière noire, énergie sombre, supraconductivité à haute température, effets quantiques anormaux dans le vivant, problème de la mesure quantique, désert énergétique et nombre de constantes du Modèle Standard, dissymétrie matière-antimatière, existence d'une flèche du temps, origine des rayons cosmiques de très haute énergie*... sans parler, bien entendu, des incompatibilités profondes, tant mathématiques que physiques, qui existent entre la physique quantique et la relativité générale.

À l'orée du XXe siècle, la lumière avait toutes les raisons d'être considérée comme une onde, même si certains savants des siècles antérieurs (parmi lesquels Pierre Gassendi, René Descartes et Isaac Newton) avaient défendu l'idée qu'elle pouvait être constituée de corpuscules, c'est-à-dire de très petits grains d'énergie lumineuse, qu'on appellera bien plus tard *quanta de lumière* ou *photons*.

Depuis les travaux de l'Italien Francesco Maria Grimaldi et du Hollandais Christiaan Huygens, à la fin du XVIIe siècle, il était en effet devenu évident que seule une théorie *ondulatoire* de la lumière pouvait expliquer de façon satisfaisante un phénomène physique bien étrange appelé *interférences lumineuses*.

Ce phénomène d'**interférence** – qui n'a rien à voir avec un quelconque brouillage, comme le sens usuel du mot pourrait le laisser penser – se rencontre pourtant dans de nombreuses situations de la vie courante où des microstructures font dévier et interférer des ondes lumineuses (on parle aussi de diffraction): ce sont, par exemple, les croix colorées filtrant à travers un rideau tissé très fin, ou l'irisation multicolore des films de savon ou d'huile, tout comme celle créée par les microsillons de la surface d'un CD. Ce phénomène d'interférences lumineuses se trouve parfaitement bien illustré par une expérience aussi simple qu'emblématique, celles dite des *fentes d'Young*.

Le jovial et lumineux physicien Richard Feynman (1918-1988) disait de cette expérience qu'elle était même la plus belle de la physique. À l'aune des questionnements sur le temps et l'espace que ses avatars ont pu soulever ces dernières années (voir le chapitre 5 en particulier), il n'est pas exagéré de dire qu'elle en est également certainement la plus intrigante et la plus mystérieuse…

Elle est pourtant d'une simplicité désarmante, puisqu'elle consiste à éclairer une plaque opaque percée de deux fentes (ou trous) et à observer l'intensité lumineuse qui en résulte derrière les fentes, sur un écran par exemple.

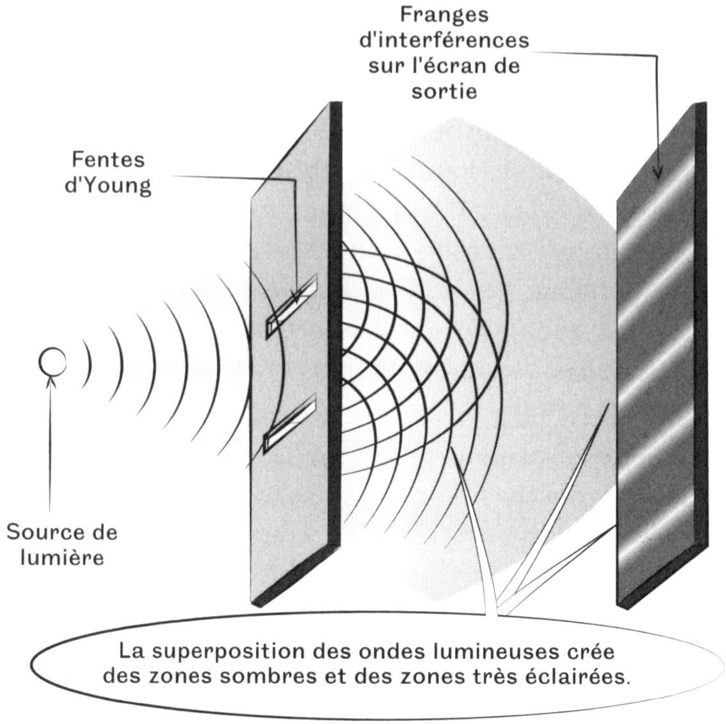

Schéma d'une expérience de fentes d'Young

Avec une seule fente, l'éclairement sur l'écran consiste en une bande lumineuse de largeur similaire à la fente (en fait un peu plus large à cause du phénomène de diffraction qui fait que les faisceaux lumineux passant à travers des trous ou des fentes s'évasent). Avec deux fentes, on s'attendrait naïvement à observer deux bandes lumineuses en regard direct des deux fentes. Et c'est d'ailleurs bien ce que l'on observe si les fentes sont assez larges et distantes l'une de l'autre. Mais tout change lorsque les fentes sont suffisamment fines et proches l'une de l'autre !

Dans ce cas, ce qui est observé sur l'écran, dans la zone de superposition d'éclairement des deux fentes, ce ne sont en effet pas deux bandes lumineuses mais une succession de fines bandes sombres et brillantes, un peu à la manière des vitraux conquois de Pierre Soulages. En mesurant l'intensité lumineuse dans cette zone, on constate même que celle-ci oscille périodiquement de façon sinusoïdale, les bandes brillantes correspondant aux sommets de ces oscillations et les bandes sombres aux creux.

Entendons-nous bien, le plus étonnant dans cette expérience n'est pas qu'en certains endroits (correspondant aux bandes brillantes) il y ait plus de lumière que lorsqu'il n'y a qu'une seule fente… Non, le plus troublant est l'existence de zones totalement dépourvues de lumière alors même qu'elles sont éclairées par deux faisceaux lumineux superposés ! Ainsi, ajouter de la lumière à de la lumière peut conduire à l'obscurité… Le poète n'est donc pas le seul à « faire un tableau noir avec de la lumière », comme le suggère le dramaturge Olivier Py. L'ombre peut en effet ne pas être négation de la lumière…

Mais si cet étrange phénomène nous semble contre-intuitif, c'est essentiellement parce que nous n'avons pas l'habitude de concevoir la lumière comme une onde. On peut en effet montrer que l'obscurité des bandes sombres ne résulte pas d'une absence de lumière, mais plutôt de la subtile et complexe présence de deux ondes lumineuses qui se compensent en se superposant.

Qu'est-ce qu'une onde ?

Le terme *onde* recouvre en fait une prodigieuse diversité de phénomènes apparemment très disparates : ronds dans l'eau, vagues à la surface de l'océan, vibrations d'une corde, ondes sonores ou musicales, ondes de choc, ondes sismiques, ondes lumineuses, ondes associées à la propagation de la chaleur, d'un courant électrique, d'une réaction chimique, d'une épidémie, d'un ralentissement du trafic routier, d'une rumeur, d'une idée…

Ce qui caractérise ces divers types d'onde est qu'il y a toujours propagation d'une information, que ce soit à travers la matière ou à travers l'espace. Ce transfert d'information, et parfois d'énergie, s'effectue alors sans transport (notable) de matière, grâce à l'oscillation d'une grandeur physique que l'on peut définir en tout point de l'espace et à tout instant, et que l'on appelle généralement *champ*.

Cette grandeur peut être un scalaire (c'est-à-dire un nombre, comme dans la carte des températures et pressions de la météo), un vecteur (c'est-à-dire une « flèche », définie par sa longueur et son orientation dans l'espace, comme dans le cas du champ magnétique terrestre dévoilé par l'aiguille de notre boussole) ou d'autres quantités plus abstraites comme les tenseurs (pour décrire les célèbres ondes gravitationnelles).

Par exemple, dans le cas d'une vague que nous regardons depuis notre transat, la grandeur physique est la hauteur d'eau en un endroit donné. Dans le cas des ondes sonores, c'est la vibration des molécules qui est progressivement transmise, de proche en proche (à la vitesse du son), à travers un milieu physique. Dans l'air, ce sont les molécules d'air qui vibrent alors que dans un matériau, ce sont les atomes composant ce matériau. La pression ou le mouvement des atomes peuvent alors être choisis comme la grandeur physique définissant l'onde.

Contrairement aux vagues ou aux ondes sonores, les ondes lumineuses n'ont pas besoin d'un support matériel pour exister et peuvent se propager dans le vide (d'où l'effrayant silence éternel des sabres lasers dans l'espace intersidéral...). La grandeur physique associée est un champ de vecteurs alors appelé *champ électromagnétique*.

En physique quantique, la notion d'*onde de probabilité* fait référence à la probabilité de présence d'un objet (un atome, une molécule...) à un endroit donné. C'est une onde scalaire. À chaque point de l'espace est alors associé un nombre, variant continument entre 0 et 1 et pouvant éventuellement évoluer dans le temps. Aux endroits où ce nombre vaut 1, l'objet en question est certain d'être trouvé (c'est-à-dire avec une probabilité de 100 %). De même, partout où ce nombre vaut 0, la certitude est également de mise mais pour conclure que l'objet ne peut pas y être détecté. En revanche, dans toute zone où ce nombre est *entre* 0 et 1 (par exemple 0,59 ou bien 0,37), le résultat d'une mesure de position n'est pas certain, il est aléatoire, et la probabilité de l'y détecter est égale à ce nombre (59 % ou 37 % pour les exemples précédents).

Pour comprendre la surprenante présence de bandes sombres dans la zone où les ondes lumineuses se superposent, pensons au cas beaucoup plus intuitif des ondes apparaissant à la surface de l'eau.

Lorsque nous jetons un caillou dans une eau calme, des ondes concentriques se forment, puis s'éloignent de la zone d'impact pour s'atténuer progressivement. Mais attention, ce n'est pas l'eau qui progresse : l'eau s'élève et s'abaisse de façon régulière mais ne se déplace pas dans le sens de progression de l'onde. Ce qui progresse est en fait un mélange d'information (un petit caillou ne crée pas la même onde qu'un gros) et d'énergie (un flotteur, situé plus loin, va s'élever et s'abaisser au rythme des crêtes et creux de hauteur d'eau que l'onde va créer à cet endroit).

Si nous agitons régulièrement notre main ou un objet dans l'eau, nous pouvons créer le même genre d'ondes mais entretenues cette fois-ci. On parle d'onde stationnaire. Ces ondes de hauteur d'eau sont circulaires près de la zone de vibration mais deviennent de plus en plus droites (ou planes) à mesure que l'on s'en éloigne, un peu comme la houle marine.

Dans ce cas, la hauteur d'eau maximale de l'onde est appelée *amplitude* et correspond à la moitié de la distance entre les crêtes et les creux de l'onde. La distance entre deux crêtes successives ou deux creux successifs s'appelle alors *longueur d'onde*. C'est la distance parcourue par l'onde pendant la durée d'une oscillation, durée appelée *période*. L'inverse de la période est appelé *fréquence* de l'onde : c'est le nombre d'oscillations crête-creux par seconde en un endroit donné. Le lien entre fréquence et longueur d'onde est alors immédiat : plus la fréquence est élevée, plus la longueur d'onde est faible, et réciproquement.

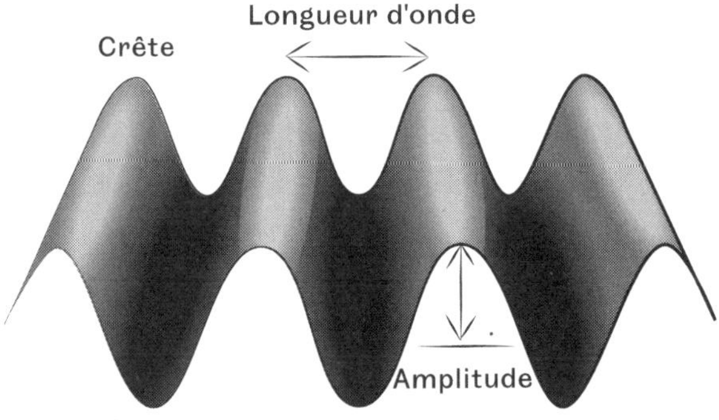

Principales propriétés d'une onde

Lorsqu'une telle onde plane rencontre une cloison fixe percée d'un petit trou, une partie passe à travers le trou et se transforme en onde semi-circulaire de l'autre côté de la cloison (ceci est dû au phénomène de diffraction par le trou). S'il y a deux trous dans la cloison, ce sont deux ondes qui sortent des trous et se superposent dans la zone où elles se rencontrent. En certains endroits, une crête de l'une des ondes peut rencontrer une crête de l'autre onde, créant ainsi une crête deux fois plus importante.

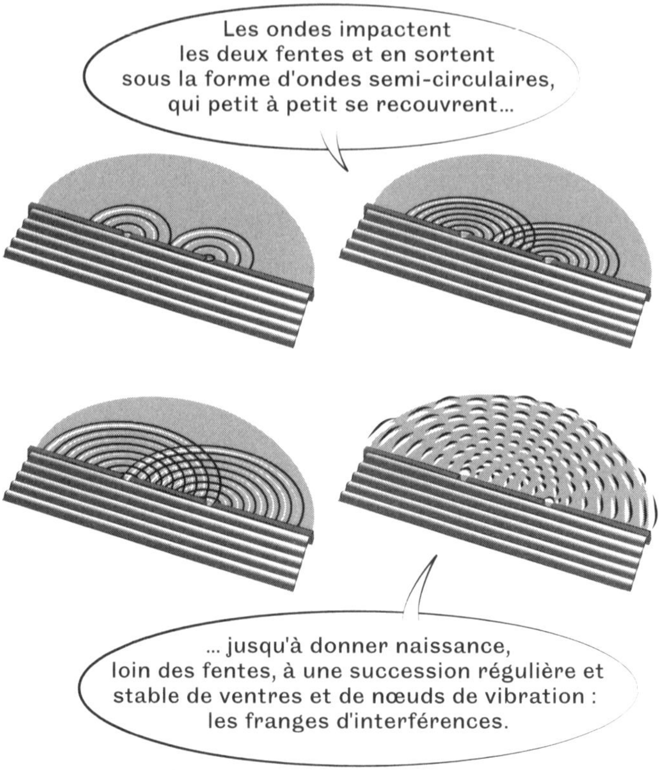

Représentation schématique des franges d'interférences

En d'autres endroits, ce sont les creux qui s'additionnent et s'amplifient. Dans les deux cas, on parle de *ventres de vibration*. Ce sont les endroits où les deux ondes superposées sont dites *en phase*. En revanche, aux endroits où une crête rencontre un creux, les variations de hauteur d'eau se compensent et l'eau y paraît immobile. Les ondes sont dites *en opposition de phase* et l'on parle alors de *nœuds de vibration*.

C'est ce réseau de ventres et de nœuds de vibration que l'on appelle *figure d'interférences*, les deux trous dans la cloison jouant le rôle des trous de l'expérience précédente réalisée par Young avec des ondes lumineuses. On dit que les ondes semi-circulaires sortant des trous ont interféré de façon constructive aux endroits des ventres, et de façon destructive aux endroits des nœuds. Aux ventres et nœuds de hauteur d'eau correspondent, respectivement, les franges lumineuses brillantes et sombres de l'expérience des fentes d'Young avec des ondes lumineuses.

Mais si la lumière est une onde, de quelle nature est cette onde ? Autrement dit, qu'est-ce qui joue, pour la lumière, le rôle de la hauteur d'eau ? La réponse fut en partie donnée en 1865 par le physicien écossais James Clerk Maxwell, dont l'influence et la postérité n'ont rien à envier aux célèbres *Principia Mathematica* d'Isaac Newton ni aux révolutionnaires travaux de 1905 d'Albert Einstein sur la relativité.

Dans un long article, Maxwell (1831-1879) réussit en effet un véritable tour de force : il compléta et synthétisa les travaux de Michael Faraday en montrant que l'électricité et le magnétisme – qui étaient jusqu'alors considérés comme deux phénomènes distincts – pouvaient en fait être perçus comme deux facettes d'un même phénomène, appelé alors *électromagnétisme.* Les célèbres quatre équations qu'il obtint lui permirent également de prédire l'existence d'un nouveau type d'ondes, appelées *ondes électromagnétiques*, fruits du mariage dynamique des champs électrique et magnétique, et qui se propagent toutes avec la même vitesse phénoménale (300 000 km/s). Enfin, il montra que ce que l'on appelle *lumière* n'est rien d'autre qu'un cas très particulier de ces ondes électromagnétiques, celles pour lesquelles la longueur d'onde est comprise dans un tout petit intervalle de valeurs, entre 0,4 micron, le violet, et 0,7 micron, le rouge.

LE MONDE POINTILLISTE D'EINSTEIN

Puisqu'elle en porte tous les attributs, la lumière serait donc une onde… Une onde comme toutes les ondes, s'étalant continûment dans l'espace et le temps, et dont l'énergie peut *a priori* prendre toutes les valeurs imaginables. C'est, du moins, ce que la communauté scientifique internationale pensait jusqu'à cette fameuse année 1905 et l'idée révolutionnaire d'Einstein sur la quantification de l'énergie lumineuse, véritable point de départ de cette prodigieuse aventure intellectuelle qui sera par la suite appelée physique quantique.

Comme souvent, le génie d'Einstein se situe moins dans la performance technique ou mathématique que dans le changement de perspective sur un problème donné. Einstein fait en effet partie, semble-t-il, de ces gens qui, devant un problème apparemment insoluble, ont cette faculté rare de pouvoir s'extraire du système de pensée qui a créé le problème. Et comme souvent, les découvertes géniales naissent dans le creuset des idées simples...

Concernant la quantification dont on parle ici – c'est-à-dire le fait que la lumière serait constituée de petits grains (ou quanta) d'énergie lumineuse dénommés par la suite *photons* –, l'idée révolutionnaire d'Einstein revient à dire, dans le langage de tous les jours, qu'un œuf casse sous la grêle mais pas sous la neige ! Ce mystérieux phénomène qui a conduit Einstein à introduire les quanta, et pour lequel il a reçu le prix Nobel en 1921, est le phénomène appelé *effet photoélectrique*, dont le principe est le suivant : imaginons que nous voulions extraire des électrons d'une surface. Une surface de Zinc par exemple. Déjà, nous sommes plutôt malins, car en choisissant une telle surface métallique, nous nous simplifions la tâche puisque les électrons y sont beaucoup plus mobiles et faciles à arracher que dans d'autres surfaces (c'est d'ailleurs pour cela que les métaux conduisent très bien l'électricité et la chaleur).

Nous pourrions penser tout naturellement à chauffer la surface pour faire « bouillir » cette soupe d'électrons, mais admettons que nous n'ayons à notre disposition qu'une simple lampe au double fonctionnement suivant : soit elle produit une lumière rouge très intense, soit elle produit une lumière violette très atténuée. Notre objectif étant d'extraire le maximum d'électrons, quelle couleur choisir ? La lumière rouge intense, pensant ainsi chauffer d'avantage la surface du métal ? Celle-ci chauffe en effet, mais nous avons beau attendre, à notre grande déception, aucun électron n'est éjecté… Au contraire, avec la faiblarde lumière violette, et bien que la surface reste froide, nous observons l'éjection immédiate de quelques électrons !

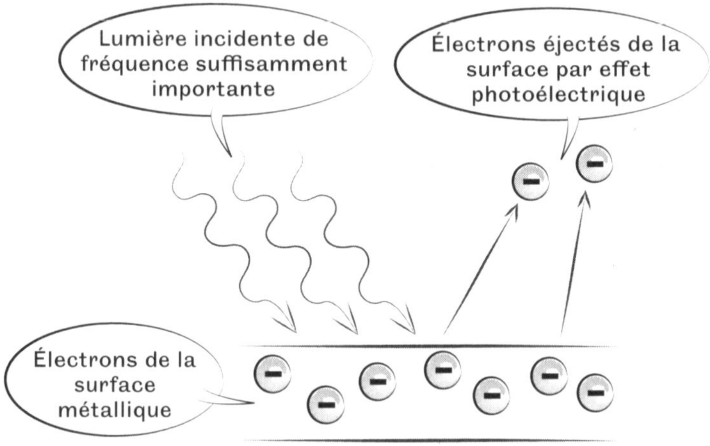

Effet photoélectrique

L'émission de ces électrons a de quoi laisser perplexe. Bien sûr, nous pouvons arguer que, comme la longueur d'onde de la lumière violette est deux fois plus courte que celle de la lumière rouge, sa fréquence est deux fois plus importante et elle oscille donc deux fois plus vite… Mais cela permet-il de justifier que c'est l'onde la moins intense qui produit l'effet d'arrachage ? Si la lumière n'est qu'une onde, non, cela semble incompréhensible. C'est comme si un rond dans l'eau de très faible amplitude pouvait parfois arracher un petit morceau de ponton, ou faire sauter le bouchon flottant d'une ligne de pêche, là où une forte houle de grande longueur d'onde ne ferait aucun dégât !

C'est pourtant cette subtile dépendance en la longueur d'onde de l'éjection d'électrons par la lumière qui permit à Einstein d'élucider le problème en 1905 : selon lui, toute lumière possède en effet des propriétés corpusculaires, et ce sont les corpuscules associés (les grains d'énergie ou photons) qui, après collision avec des électrons, peuvent les éjecter en leur communiquant leur énergie. De plus, l'énergie de chacun de ces photons est proportionnelle à la fréquence du rayonnement lumineux : plus forte donc pour les photons violets que pour les photons rouges.

Ainsi, lorsque l'on éclaire une surface métallique, des photons rentrent en collision avec des électrons, et, un peu à la manière des chocs entre boules de billard, leur communiquent leur énergie, permettant aux électrons de s'échapper de la surface (à l'instar des œufs-électrons qui se brisent sous l'impact des grêlons-photons mais résistent à la caresse de la neige-onde lumineuse...). De façon contre-intuitive, c'est donc la longueur d'onde de l'onde lumineuse et non son intensité qui décide de l'émission de photoélectrons, la longueur d'onde seuil étant quant à elle une caractéristique du métal considéré.

Rétines synthétiques et poussières lunaires...

L'application principale de l'effet photoélectrique saute aux yeux : transformer de l'énergie lumineuse en courant électrique ! Cellules photovoltaïques et photodiodes, photomultiplicateurs, capteurs CCD et CMOS des appareils photo numériques et des caméras thermiques… La détection d'ondes lumineuses si ténues qu'elles n'impliquent qu'un seul photon a même récemment ouvert la voie à la fabrication de rétines artificielles aux prouesses bioniques !

Revers de la médaille, une substance matérielle exposée à la lumière peut ne pas rester neutre électriquement et peu à peu devenir chargée positivement (puisqu'elle perd continuellement des électrons). Pour un satellite exposé à la lumière du Soleil, ce phénomène peut rapidement devenir problématique et endommager l'électronique embarquée. Une solution est alors de recouvrir le satellite d'un matériau, comme le platine par exemple, ayant un seuil photoélectrique incompatible avec la lumière reçue.

Ce phénomène de charge positive d'une surface par effet photoélectrique est également visible sur le sol lunaire, par exemple, où une fine couche de poussière reste constamment en lévitation par effet de répulsion électrostatique, comme le témoin d'une danse extatique entre grains de poussière et grains de lumière…

LUMIÈRE NOIRE ET CONSTANTE DE PLANCK

« Grain de sel angélique comme une larme de nouveau-né », dirait le poète Christian Bobin, chaque photon est donc pure énergie. Une énergie de nature électromagnétique, dont la valeur E est directement proportionnelle à la fréquence f de l'onde lumineuse associée : $E = h \times f$.

Illustrant la dualité onde-corpuscule pour la lumière, cette relation que l'on doit à Einstein a véritablement ouvert la voie à une vision quantique, pointilliste, du monde où, à tout phénomène ondulatoire de fréquence f, peuvent être associés des grains d'énergie $h \times f$ appelés *quanta*. Et la constante de proportionnalité h n'est rien d'autre que la constante dite de Planck, symbole même de la physique quantique et ainsi appelée en hommage au physicien allemand qui l'a introduite en 1900 lors de son étude des interactions entre lumière et matière.

À chaque théorie sa constante

À chaque théorie fondamentale de la physique peut être associé un nombre particulier, qu'on appelle *constante* et qui est propre à cette théorie. Sa signature, en quelque sorte.

À la théorie de la relativité d'Einstein, par exemple, est associée la constante c, la vitesse de la lumière dans le vide, égale à 300 000 km/s. De même, à la théorie de la gravitation de Newton est associée la constante de gravitation G, et à la théorie appelée physique statistique, celle donnant son assise aux liens entre propriétés microscopiques (le mouvement des atomes) et phénomènes macroscopiques (chaleur, pression, entropie...), est liée la fameuse constante de Boltzmann k.

Dit autrement, à chaque fois qu'apparaît une constante physique dans une formule mathématique, on sait immédiatement qu'elle fait référence à la théorie associée à cette constante. Ainsi s'attend-on naturellement à voir figurer *h* dans chaque résultat ou formule de physique quantique...

La constante de Planck *h* est une grandeur équivalente à une énergie multipliée par une durée, c'est-à-dire, en termes scientifiques, à une action (différente d'une puissance qui, elle, est équivalente à une énergie divisée par une durée). Exprimée dans l'unité standard, la valeur de cette action *h* est égale à : 0,000... 0663 Joules secondes, où les pointillés représentent pas moins de 29 autres zéros !

Comparée à ce minuscule quantum d'action, l'action caractéristique des phénomènes et mouvements qui peuplent notre quotidien est gigantesque ! Signifiant par là même que ces phénomènes ne sont pas dus à, ou contrôlés par, des effets quantiques. Par exemple, l'action caractéristique de nos déplacements est des milliards de milliards de milliards de milliards (ouf !) de fois plus importante que *h*. Quant à l'action caractéristique correspondant aux arabesques d'un infime grain de pollen, elle reste tout de même un milliard de milliards de fois plus importante que *h* !

Difficilement perceptibles, d'innombrables effets quantiques baignent pourtant notre environnement. On peut même dire que tout est quantique autour de nous ! À commencer par nous-mêmes. Car, comme on le verra par la suite, la taille même des atomes et la stabilité de la matière sont directement fonction de la valeur de la constante de Planck. Une valeur de *h* légèrement plus petite et c'est l'effondrement de la matière, une valeur légèrement plus grande et c'est l'explosion.

Par exemple, dans un univers hypothétique où la valeur de *h* serait deux fois moins importante, le simple fait de regarder un feu de cheminée deviendrait impossible car nous serions alors immédiatement grillés par l'intense rayonnement thermique qui s'en dégagerait ! C'est d'ailleurs ce rayonnement particulier qui porte le nom de *rayonnement de corps noir* et dont l'élucidation partielle par Max Planck en 1900 valut à ce dernier le prix Nobel en 1918.

En fait, malgré sa dénomination, le concept de *corps noir* ne fait pas référence à une quelconque couleur, mais plutôt aux propriétés d'absorption et de réflexion de la lumière par ce corps. Par définition, un corps noir peut être perçu comme un anti-miroir parfait : au lieu de réfléchir toute la lumière, il l'absorbe ! Tout rayonnement incident est ainsi absorbé et seul est émis le rayonnement propre de l'objet, dont la température, supposée uniforme, dicte la couleur. Cet effet est d'ailleurs bien connu depuis des millénaires par les métallurgistes et les céramistes, qui savent relier la couleur des objets qu'ils manipulent à leur température.

Les corps noirs ne sont donc pas nécessairement noirs, et s'il arrive qu'ils le soient, ce n'est qu'à nos modestes yeux humains. Par exemple, un corps à température ambiante rayonne dans l'infrarouge et nous apparaît donc comme noir, mais les étoiles comme notre Soleil ont leur maximum de rayonnement situé dans la gamme du visible. C'est d'ailleurs ce rayonnement de corps noir jaune dont notre Soleil nous abreuve qui permet à la Terre (effet de serre aidant) d'avoir une température moyenne de surface accueillante pour la vie. De même, la nuit, c'est grâce au rayonnement infrarouge renvoyé sur Terre par l'atmosphère que nous ne gelons pas quand le Soleil est parti.

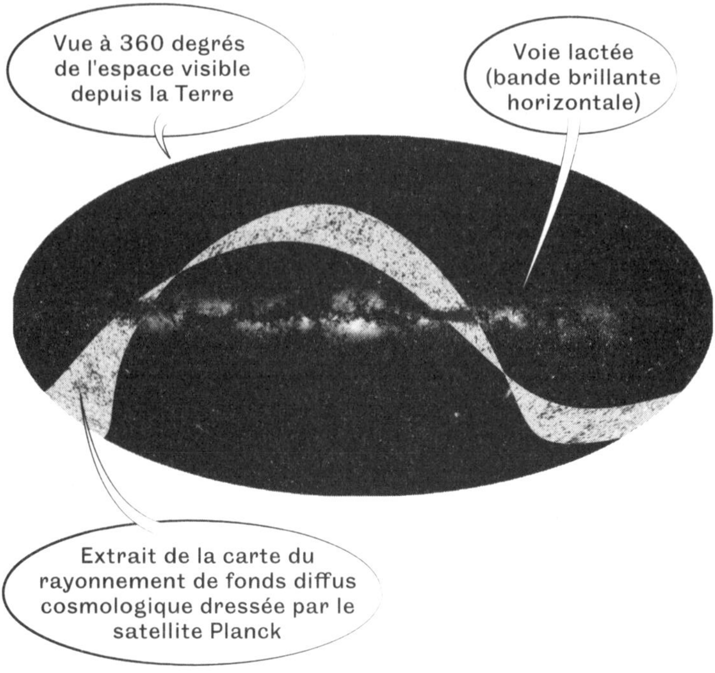

Superposition de la carte du rayonnement de fonds diffus cosmologique et de l'espace visible depuis la Terre

Certains corps noirs peuvent même devenir des objets de convoitise industrielle, militaire ou artistique, comme les récents matériaux ultra-noirs faits à partir de nanotubes de carbone et dont le taux d'absorption dans le domaine visible est proche de 100 %. Des corps noirs presque parfaits donc... À l'instar de celui qui nous éclaire tous depuis la nuit des temps, le célèbre rayonnement de fonds diffus cosmologique.

Présent partout dans l'Univers observable, ce rayonnement thermique est issu de l'une des phases primordiales du fameux Big Bang, la singularité première que l'on suppose être à l'origine de l'espace, du temps et de toute l'énergie-matière qui s'y déploie. La cartographie précise de son intensité dans l'Univers a déjà fait l'objet de nombreuses missions spatiales de pointe, dont la dernière en date, appelée justement *PLANCK*, a permis d'affiner notre compréhension des scénarii possibles de formation de l'Univers observable.

CHAPITRE 3

SAUTS QUANTIQUES ET FIN DES CERTITUDES

À l'instar de la lumière, l'énergie des atomes est quantifiée. La nature aléatoire des sauts quantiques entre niveaux d'énergie atomiques a alors conduit à la première formulation mathématique de la physique quantique, sous forme de tableaux infinis de nombres, plongeant les scientifiques dans la perplexité...

Alors, la lumière, onde lumineuse ou assemblée de photons ? « Tout est un peu d'obscurité, jusqu'à la lumière elle-même », écrit le poète argentin Antonio Porchia (1885-1968)... Il semble en effet que la lumière porte en elle une insoluble et troublante contradiction en étant simultanément douée de propriétés ondulatoires et corpusculaires. Tel le dieu romain Janus, elle possède un double visage dont ne peut absolument pas

« La vraie créativité commence souvent là où le langage se termine. »

Arthur Koestler, *Le Zéro et l'Infini*

rendre compte la physique dite classique, c'est-à-dire celle d'avant l'avènement de la physique quantique.

Mais la quantification de l'énergie ainsi que la dualité onde-corpuscule ne sont pas l'apanage de la lumière. La matière porte également en elle son lot d'insondables mystères et de propriétés contre-intuitives, dont deux d'entre elles sont en lien direct avec les aspects corpusculaires de la lumière : la quantification des énergies atomiques et la notion de *saut quantique*.

Ces troublants sauts quantiques entre niveaux d'énergie atomiques sont aussi à l'origine d'une autre caractéristique fondamentale de la physique quantique : la notion d'*aléatoire par nature* des phénomènes physiques observés, c'est-à-dire la présence d'un inévitable hasard dans les observations expérimentales, indépendamment de la précision des appareils de mesure. Ainsi, dans le monde quantique, les résultats d'une mesure ou d'une expérience ne sont en général pas prévisibles avec certitude mais seulement... probables !

POINTILLISME ÉNERGÉTIQUE ET SAUTS QUANTIQUES

Historiquement, la quantification de l'énergie des atomes a suivi le même cheminement que pour la lumière : d'abord par la reconnaissance de la quantification des échanges d'énergie entre la lumière et la matière, puis par la compréhension progressive que ce sont les énergies elles-mêmes qui sont quantifiées, c'est-à-dire que seules certaines énergies atomiques sont autorisées et que chaque atome ou molécule possède une liste – et une seule ! – de niveaux d'énergie permis. La liste (appelée aussi *spectre*) de ces énergies très particulières joue le rôle d'un code-barres universel permettant de repérer de façon univoque et indiscutable un atome, quel que soit l'endroit de l'Univers où il se trouve.

L'un des moyens les plus efficaces pour sonder ce pointillisme énergétique des atomes est l'utilisation des interactions lumière-matière, dont la technique phare, appelée *spectroscopie*, consiste à enregistrer et étudier les fréquences des ondes lumineuses émises par un corps (qu'on appelle *raies*). Ces fréquences lumineuses particulières étant en correspondance directe avec les niveaux d'énergie des atomes présents dans ce corps, on peut ainsi en déduire la liste de ces énergies.

La spectroscopie a non seulement joué un immense rôle dans la découverte des différents types d'atomes (ceux qui apparaissent dans le tableau périodique des éléments de Mendeleïev) mais a surtout permis l'essor de l'astronomie moderne. En analysant la lumière en provenance de l'Univers et en comparant son code-barres cosmique avec ceux que l'on connaît sur Terre, on peut en effet déterminer avec une grande précision la composition et la structure des étoiles et de l'atmosphère des planètes extrasolaires, la morphologie et la vitesse d'éloignement des galaxies, et, de façon générale, interpréter et asseoir toute la cosmologie actuelle.

Les sauts quantiques, quant à eux, se rencontrent lors des processus élémentaires d'absorption-émission d'un seul photon par un atome. Dans ce cas, il est nécessaire que l'énergie du photon coïncide avec l'espacement énergétique entre deux niveaux d'énergie de l'atome. Comme un moine zen grimpant un escalier règle son pas : ni trop grand, ni trop petit...

Mais il y a plus. Lorsqu'un atome passe d'un niveau à un autre, il le fait... instantanément ! Sans passer par l'un (quelconque) des hypothétiques niveaux d'énergie intermédiaires.

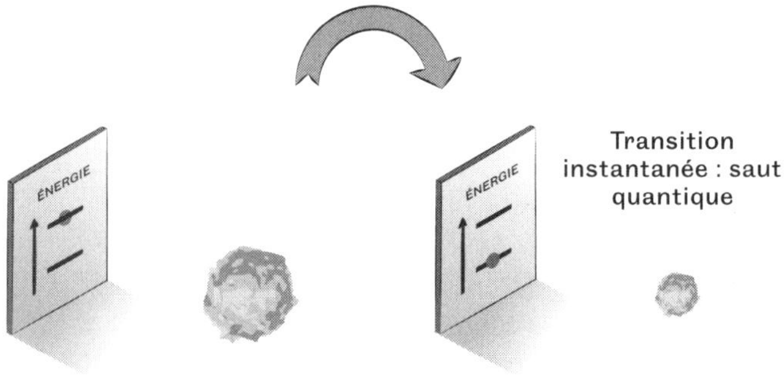

Représentation schématique d'un saut quantique

Si cela ne vous trouble pas plus que cela, imaginez un instant que la marche du moine zen précédent soit quantique ; alors, dans ce cas, le fait même d'accorder son pas à la marche d'escalier lui ferait instantanément grimper la marche ! Un saut quantique qui ne comporterait alors que les étapes initiale et finale du saut classique, mais sans le processus continu du saut lui-même. Une sorte de passe-muraille dans le paysage énergétique de la matière. Une transition sans durée de transit. Un saut en dehors du temps...

Les photons sont-ils réels ?

Ce n'est que tardivement que la communauté scientifique a fini par accepter la réalité physique de la notion de photon. Postulée par Einstein en 1905 pour expliquer l'effet photoélectrique, elle fut en effet accueillie avec froideur, comme une image ou un simple artifice de calcul. Il faut dire que les photons ont une particularité qui était très dérangeante pour l'époque : contrairement aux autres particules connues au début du XXe siècle, ils ont une masse... nulle !

Einstein lui-même mit plusieurs années avant de comprendre quelles étaient les propriétés corpusculaires des photons. Il attendit même 1916 pour publier la relation $p = h / \lambda$ donnant leur impulsion p en fonction de la longueur d'onde λ de l'onde lumineuse associée.

L'impulsion est une grandeur qui informe sur l'inertie d'une chose en mouvement. C'est, par exemple, sa conservation lors de collisions qui nous permet de faire un carreau à la pétanque ou au billard, lorsque la vitesse d'une boule est entièrement communiquée à une autre boule de même masse. C'est aussi elle qui est responsable de la poussée des fusées, et les astronautes s'en servent constamment pour se déplacer en apesanteur (émettre un jet de matière ou de gaz vers l'arrière fait avancer !).

De nombreux physiciens (dont Planck et Bohr) doutaient de la véracité des relations d'Einstein et de la réalité même de ces soi-disant grains de lumière... Parmi les sceptiques, Robert Millikan – devenu célèbre en 1910 pour avoir mis en évidence la quantification de la charge électrique à l'aide de minuscules gouttes d'huile – décida de tester expérimentalement la relation d'Einstein $E = h \times f$ et dut, en 1916, conclure à contrecœur qu'elle était bien vérifiée. Quant à l'autre relation, $p = h / \lambda$, elle fut testée avec succès au début des années 1920 par Arthur Compton (le père des rayons cosmiques) qui étudia expérimentalement la diffusion – c'est-à-dire la déviation accompagnée d'un changement de fréquence – de photons X par des électrons.

Ce fameux effet Compton, associé aux expériences menées dans les années 1970 et 1980 sur la corrélation de photons, mit fin aux derniers doutes concernant la réalité des photons, ces grains de pure énergie sans incarnation matérielle...

La conservation de l'impulsion (voir l'encadré ci-dessus) lors de ces sauts quantiques permet de comprendre l'origine d'un effet physique très important connu sous le nom de *pression de rayonnement*, ou *pression de radiation*. Lorsqu'un atome absorbe un photon, il absorbe en effet également son impulsion, ce qui le pousse dans le sens de propagation du photon incident. De même, lors de la réflexion d'un photon par un miroir, ou toute autre surface réfléchissante, le miroir acquiert deux fois l'impulsion du photon (à cause de son absorption puis de sa réémission par le miroir).

Co-responsable avec le vent solaire de l'orientation de la queue des comètes (opposées à la direction du Soleil) ainsi que des formes féériques prises par les nuages de poussière interstellaires et galaxies en formation, la pression de radiation est au cœur des projets spatiaux de voiles solaires, où la propulsion est assurée par un vent très spécial... qui n'est rien d'autre qu'un vent de photons ! Qui sait, peut-être irons-nous un jour sur Mars ou Neptune à bord de l'une de ces caravelles du futur ?

LES MALICIEUSES PROBABILITÉS D'EINSTEIN

Si les sauts quantiques déroutent nos esprits classiques par leur instantanéité, brisant ainsi la sacro-sainte règle newtonienne de la continuité temporelle des phénomènes physiques, ils recèlent également une autre surprise de taille : ils se produisent de façon totalement aléatoire, au hasard, à des instants imprévisibles. Ainsi, deux atomes préparés, semble-t-il, exactement de la même façon (c'est-à-dire ayant la même énergie et toutes les mêmes autres caractéristiques microscopiques connues) et émettant un photon, ne le feront *a priori* pas au même instant… Ces instants (ainsi que les directions d'émission des photons) sont en effet purement aléatoires.

C'est encore Einstein qui aida à la compréhension de ce troublant phénomène. En effet, en 1916, l'année où il publia la version finale de son grand œuvre, la relativité générale, il introduisit la notion révolutionnaire de probabilité d'absorption et d'émission de photon par un atome. Idée révolutionnaire, car en proposant cela, il suggéra que l'aléatoire constaté expérimentalement n'était pas comme l'aléatoire habituellement observé dans le monde classique (comme lorsque l'on jette un dé ou que l'on joue à la loterie). Il avança l'idée que l'aléatoire du monde quantique, celui des atomes et des photons, était intrinsèque. Un hasard existant en lui-même, ne résultant pas d'une méconnaissance du système physique étudié, et ne pouvant être éliminé par de quelconques mesures préalables.

Einstein en profita également pour proposer un autre type de processus d'émission, l'émission dite *stimulée*, lors de laquelle un photon est émis par sympathie, ou résonance, en présence d'un photon du même type (comme une sorte d'anti-absorption). Ce troisième processus se révélera d'ailleurs extrêmement fécond puisqu'il sera à l'origine de l'effet laser présent partout dans notre quotidien, de la télécommunication par fibre optique aux lecteurs de DVD, en passant par le guidage laser, les transmissions inter-satellitaires et toutes les techniques d'ablation médicales et industrielles…

Malice cosmique : Dieu semble bien jouer aux dés…

Il est ironique que ce soit Einstein qui ait introduit le premier la notion d'aléatoire *per se* dans la description des interactions lumière-matière… Par la suite, en effet, il fit partie de ceux qui rejetèrent le caractère intrinsèque et fondamental de cet aléatoire quantique (il était persuadé que « Dieu ne pouvait jouer aux dés »), doutant même de la validité des règles probabilistes de la physique quantique, théorie dont il fut l'un, sinon le plus éminent, des initiateurs. La même ironie accompagnera son ami Schrödinger avec lequel il n'aura de cesse de discuter des possibles failles de cette nouvelle physique aux implications mystérieuses.

En vain. Jusqu'à aujourd'hui tout du moins.

Selon Einstein, au spectre de chaque atome (c'est-à-dire à l'ensemble des transitions possibles entre niveaux d'énergie de l'atome) correspond une liste de probabilités qui caractérise les trois processus connus d'absorption et d'émission de photons (absorption, émission spontanée et émission stimulée). Ces probabilités, appelées par la suite *coefficients d'Einstein*, renseignent également sur l'intensité des raies lumineuses observées expérimentalement en spectroscopie. Associées à chaque couple de niveaux d'énergie atomique, elles sont en nombre infini… ce qui n'est pas d'un grand confort pour les manipuler globalement ou les représenter.

Einstein eut alors l'idée de regrouper les diverses probabilités de transition de chaque atome sous la forme d'un tableau de nombres. À double entrée, un peu comme un échiquier, mais de taille infinie. Sur cet échiquier spécial, pas de case A5 ou C7, mais des cases du type « 101 ; 95 » ou « 77 ; 79 », où les deux nombres indiquent les niveaux atomiques concernés par la transition photonique, ce qui, au passage, donne également l'information sur la fréquence lumineuse du photon associé à cette transition (par exemple, les fréquences $f_{101\,;\,95} = (E_{101} - E_{95}) / h$ et $f_{77\,;\,79} = (E_{79} - E_{77}) / h$).

Ainsi, dans ces tableaux de nombres de taille gigantesque (infinie, donc, en fait) sont regroupées toutes les informations concernant la façon dont un atome absorbe ou émet des photons : les fréquences autorisées des sauts quantiques ainsi que leur probabilité d'occurrence. Finalement, à bien y réfléchir, ces tableaux, tels qu'introduits par Einstein en 1916, indiquent tout ce que l'on peut connaître sur les atomes à cette époque... Ils décrivent *tout* ce qui peut être mesuré expérimentalement et sont une véritable représentation de ce que *sont* les atomes du point de vue d'un observateur, indépendamment de toute théorie ou idéologie...

C'est cette façon de voir les atomes qui va guider le jeune Werner Heisenberg dans son travail, sur ce qui est aujourd'hui considéré comme la première formulation mathématique de la physique quantique.

Ne lisez pas cet encart!

Il existe des méthodes pré-quantiques, c'est-à-dire ni tout à fait quantiques ni tout à fait classiques, sortes de cuisines baroques tentant de rendre compte de la structure physique des atomes et des sauts quantiques en énergie. Par exemple, le fameux modèle de Bohr-Sommerfeld dans lequel la structure d'un atome fut imaginée comme un ensemble de trajectoires circulaires ou elliptiques sur lesquelles orbiteraient et sauteraient les électrons de cet atome. Visuellement simple et rassurante, cette image d'un atome conçu à la manière d'un système planétaire – où le noyau atomique jouerait le rôle du Soleil et les électrons celui des planètes – est très pratique et, encore aujourd'hui, largement utilisée et enseignée, mais elle est... complètement fausse!

Pourquoi en parler alors? D'autant plus sachant que l'évocation de ce modèle erroné a de fortes chances de le renforcer en nous, puisqu'avant de le chasser de nos pensées nous avons dû le visualiser... (La négation dans notre cerveau semble en effet fonctionner de cette manière: par exemple, dire «Ne cours pas!» à un enfant a ainsi de grandes chances de causer l'effet inverse de celui désiré...) Mais le jeu en vaut la chandelle car il est absolument primordial de prendre conscience qu'un atome ne ressemble EN RIEN à un petit système planétaire noyau-électrons!

L'image la plus proche des observations microscopiques actuelles consiste en une très petite zone centrale, le noyau, de forme bizarroïde (et pas du tout sphérique), autour de laquelle évolue une zone diffuse, sorte de nuage électronique dans lequel sont aléatoirement détectés les électrons. Ce nuage se structure en fait en couches nuageuses (appelées *orbitales*) dans lesquelles la probabilité de trouver un électron est d'autant plus forte que le nuage est dense.

Beaucoup moins simple à visualiser n'est-ce pas ? Mais que désire-t-on… Comme dit l'écrivain portugais Fernando Pessõa (1888-1935), « il ne suffit pas d'ouvrir la fenêtre pour voir les champs et la rivière, comme il n'est pas suffisant de ne pas être aveugle pour voir les arbres et les fleurs ».

DANS L'INFINI DES TABLEAUX DE HEISENBERG

Physicien allemand travaillant à Copenhague sous la direction du célèbre Niels Bohr, Werner Heisenberg n'a que 23 ans lorsqu'il généralise l'approche d'Einstein à toute quantité mesurable (on dit *observable* dans le langage de la physique quantique). Il comprend d'abord que la description « à la Einstein » sous forme de tableaux de nombres ne se limite pas à l'énergie, mais peut s'étendre à toute grandeur physique, comme la position ou la vitesse. Il comprend ensuite comment manipuler ces tableaux de taille infinie, comment les multiplier entre eux selon des règles précises, et ainsi obtenir d'autres tableaux de nombres du même type.

Dans le langage mathématique, ces tableaux de nombres s'appellent des *matrices* (du mot latin *matrix* dérivé du mot *mater*, qui signifie *mère*), dont les premières traces connues d'utilisation remontent au IIe siècle avant J.-C. en Chine. Elles possèdent la propriété étrange de ne pas nécessairement commuter, c'est-à-dire que multiplier une matrice A par une matrice B ne conduit pas à la même matrice finale que de multiplier la matrice B par la matrice A... Ainsi, contrairement à ce qui se passe pour les nombres ordinaires (par exemple $7 \times 3 = 3 \times 7$), l'ordre avec lequel on multiplie les matrices compte : $A \times B$ n'est pas égal à $B \times A$!

Si cette propriété de non-commutation des matrices était bien connue à l'époque de Heisenberg, elle l'était surtout des mathématiciens ! Pour résoudre des systèmes d'équations de façon pratique, par exemple, ou à la manière d'un jeu sur les façons de combiner des ensembles de nombres... Comme très souvent pour les nouveaux concepts mathématiques, l'apogée de leur maîtrise par les mathématiciens précéda de peu la compréhension de leur *nécessaire* utilisation en physique quantique. Pour l'anecdote, il en fut notamment de même pour les espaces courbes (dont une sphère est l'exemple archétypal) que les mathématiciens Riemann et Lobatchevski ont explorés au XIXe siècle, avant qu'Einstein et Hilbert ne comprennent leur rôle majeur pour exprimer la relativité générale au début du XXe siècle.

Malgré le tour de force mathématique d'Heisenberg (qui, tel monsieur Jourdain, redémontra les principales propriétés des matrices sans savoir ce qu'elles étaient), le projet qu'il entreprit était osé… Se pourrait-il en effet que l'on puisse, à partir de ces abstraits tableaux de nombres, construire une théorie qui rende compte des propriétés physiques observées au niveau atomique ?

C'est néanmoins ce que le tout jeune Heisenberg parvint à faire durant l'été 1925 en posant les bases d'une nouvelle mécanique, appelée naturellement *mécanique des matrices* et grâce à laquelle lui et ses collègues copenhagois Max Born et Pascual Jordan retrouvèrent les résultats d'Einstein et de Bohr sur les niveaux d'énergie de systèmes atomiques simples, comme ceux d'un atome d'hydrogène (le plus simple des atomes !) ou ceux d'un oscillateur, c'est-à-dire d'un système physique évoluant autour d'une position d'équilibre (telles les petites oscillations d'un objet relié à un ressort par exemple).

Anecdote romancée ou mythologie des sciences, Heisenberg raconte, dans son ouvrage *La partie et le tout,* les circonstances étonnantes de sa découverte alors qu'il s'était retiré sur la petite île allemande d'Helgoland (qui signifie *terre sacrée* en vieux saxon), dans la mer du Nord, pour profiter des bénéfices de l'air marin et soigner un rhume des foins particulièrement handicapant. Le silence et l'infini de la mer eurent alors raison de ses problèmes mathématiques et l'aidèrent à entrevoir le rôle-clé de ces étranges tableaux de nombres dans l'étude des processus atomiques.

Heisenberg avoue alors avoir été pris de vertige et d'angoisse devant les implications philosophiques de sa découverte. Qu'un nouveau langage soit nécessaire pour exprimer les propriétés pointilliste et probabiliste des atomes, soit, mais que ce langage soit si abstrait et si éloigné du langage usuel de la physique ? Une description discontinue des grandeurs physiques observables sous forme de tableaux infinis de nombres... alors que toute la physique classique (relativités restreinte et générale comprises) s'exprime à l'aide de grandeurs variant continûment dans le temps et dans l'espace (comme les grandeurs position et vitesse par exemple). Dans notre espace. Celui qui nous entoure, à trois dimensions. Pas dans un espace abstrait impossible à visualiser et possédant une infinité de dimensions !

Et pourtant, c'est bien ce langage hautement mathématique que les étudiants et chercheurs en physique quantique d'aujourd'hui manipulent quasi quotidiennement. En revanche, contrairement au Heisenberg de 1925, nous savons aujourd'hui comment relier cette formulation particulière de la physique quantique à celle utilisant les notions habituelles de position et vitesse. Et cela, nous le devons à Erwin Schrödinger et à sa fameuse équation établie fin 1925.

La nécessité d'un nouveau langage...

Quel langage utiliser pour exprimer la physique quantique et sa logique particulière ? Depuis bientôt cent ans, cette question n'a eu de cesse d'interroger les plus grands scientifiques et philosophes des sciences.

En effet, même si les langages de la physique quantique (en termes de matrices infinies, par exemple, comme dans la formulation d'Heisenberg, ou en termes de fonction d'ondes comme on le verra par la suite) tranchent avec le langage usuel de la physique classique, ils continuent cependant d'utiliser les anciennes notions classiques dont ils réfutent pourtant la pertinence, voire l'existence ! Ainsi en est-il, par exemple, des notions classiques de position et de vitesse qui, selon les principes de la physique quantique, perdent toute réalité en dehors des instants très particuliers où ces grandeurs sont mesurées. Et pourtant, les différents formalismes quantiques continuent d'utiliser ces notions, le plus souvent pour dire qu'elles ne sont pas mesurables… d'autant que, d'un point de vue purement pratique, presque toutes nos mesures actuelles se réduisent *in fine* à des mesures de position et de vitesse !

Comment gérer cette contradiction ? Comment aller au-delà d'un langage qui critique sa propre pertinence à exprimer correctement le monde observé ? Vaste problème auquel s'est longuement intéressé Schrödinger, mais dont la résolution n'est toujours pas d'actualité.

CHAPITRE 4

TOUT N'EST QU'ONDE DE PROBABILITÉ

S'inspirant des travaux du Français Louis de Broglie, Erwin Schrödinger développa une formulation mathématique de la physique quantique dans laquelle tout objet est décrit par une onde. Solution de la célèbre équation de Schrödinger, cette onde n'est cependant pas réelle: c'est une onde évoluant dans un monde mathématique abstrait, une onde de probabilité, complexe de surcroît…

À l'image de la dualité onde-corpuscule où un même objet peut être perçu et décrit de deux façons totalement différentes, la physique quantique elle-même peut s'exprimer mathématiquement à l'aide de différents formalismes. Déjà entr'aperçu au chapitre précédent et bien que fortement abstrait, le formalisme des matrices infinies de Heisenberg, Born et Jordan se révèle

« Vous et moi sommes tous aussi continus avec l'Univers qu'une onde est continue avec l'océan. »

Alan Watts,
The nature of consciousness

particulièrement puissant pour rendre compte des observations et mesures au niveau atomique.

Cette découverte valut à Heisenberg le prix Nobel en 1933 (mais comptant pour l'année 1932 en fait) ainsi qu'un terrible sentiment de culpabilité envers Born et Jordan, ses deux collègues de Göttingen qui, pour des raisons politiques, n'eurent pas le prix en partage, comme cela se pratique habituellement. C'était pourtant, semble-t-il, ce qui était prévu au début de l'année 1933, avant que Jordan ne rejoigne le parti national socialiste. Le comité Nobel jugea alors qu'il n'était plus possible d'attribuer le prix Nobel à Jordan, et Born en fut une victime collatérale puisque ses travaux étaient indissociables de ceux de Jordan.

Mais Born obtint tout de même le prix Nobel de physique en 1954. Non pour une quelconque application de la formulation matricielle qu'il avait aidé à établir avec Heisenberg et Jordan, mais pour son apport décisif à l'interprétation de l'autre formulation majeure de la physique quantique, celle développée par Schrödinger en 1926 et portant sur la mystérieuse fonction Ψ (Psi) décrivant les non moins mystérieuses ondes de matière prédites par un prince français deux ans auparavant...

DE BROGLIE DÉVOILE LES ONDES DE MATIÈRE

Trop abstrait, le formalisme matriciel d'Heisenberg choqua les scientifiques de l'époque, qui n'étaient pas encore tout à fait remis de la quantification (sous forme de photons) de la lumière et n'étaient pas prêts à accepter cette quantification pour toutes les grandeurs physiques observables, encore moins pour le formalisme lui-même !

Une description continue de cette physique quantique naissante était activement recherchée et, surtout, désirée... Par Einstein en particulier, alors au faîte de sa gloire relativiste et qui ne pouvait se résoudre à l'abandon des notions usuelles de vitesse et position au profit d'une hasardeuse (*sic*) description discontinue (sous forme de matrices) des phénomènes physiques.

D'autant plus qu'un nouvel acteur venait d'entrer en scène. Un aristocrate français de 32 ans, prince de haute lignée (dont l'illustre ascendance comprend Necker, le financier de Louis XVI, et sa fille Madame de Staël, l'écrivaine qui fit trembler Napoléon Ier en son temps), avec un nom imprononçable pour les non-francophones : Louis de Broglie (1892 – 1987). Ce nom, qui se prononce *de Bro-i-ll* comme dans l'expression *langue d'oïl*, reste en effet attaché à une propriété révolutionnaire pour l'époque : la notion d'*onde de matière* !

L'idée que défend de Broglie dans sa thèse en 1924 est en effet la suivante : de la même façon qu'une onde lumineuse est associée aux grains de lumière que sont les photons, une onde de matière doit être associée aux grains de matière que sont les atomes, les électrons et, d'une façon générale, n'importe quelle quantité de matière (donc nous aussi par la même occasion).

De Broglie étend ainsi la dualité onde-corpuscule à toute quantité d'énergie, qu'elle soit d'origine lumineuse ou bien matérielle. Il prend « à l'envers » la seconde relation d'Einstein donnant l'impulsion d'un photon en fonction de la longueur d'onde lumineuse, et affirme qu'à toute quantité de matière d'impulsion p (la masse multipliée par la vitesse) doit être associée une onde dont la longueur d'onde λ (lambda, la distance entre deux crêtes ou creux consécutifs de l'oscillation) est égale à :

$$\lambda_{dB} = \frac{h}{p}$$

Accueillie avec enthousiasme par Einstein, cette relation, dont la simplicité n'a d'égales que ses implications révolutionnaires, ne mit pas longtemps à être testée expérimentalement. Trois ans après, en 1927, les Américains Clinton Davisson et Lester Germer réussirent en effet à faire diffracter des électrons par un cristal de nickel, démontrant ainsi que des particules de matière (en l'occurrence des électrons) pouvaient bien présenter un aspect ondulatoire. Ils purent également vérifier avec précision la relation de de Broglie en mesurant la longueur d'onde du phénomène ondulatoire observé et en la comparant à l'impulsion des électrons envoyés sur cette surface métallique. La physique des ondes de matière était née !

Arosa 1922, l'acte manqué de Schrödinger

Il s'en fallut de très peu que Schrödinger ne découvre les ondes de matière avant de Broglie… Le théâtre de cette non-découverte est la station thermale d'Arosa, près de la ville de Davos, dans les Alpes suisses. Ironie du sort, cette « montagne magique », selon les mots de Thomas Mann (autre grand amoureux du lieu et ami d'Einstein), jouera par la suite un rôle décisif dans la carrière de Schrödinger. Atteint de tuberculose au début de l'année 1922, ce dernier y passa en effet neuf mois en compagnie de sa femme Anny pour s'y faire soigner et en profita, malgré son état de santé, pour accoucher de quelques articles scientifiques, dont un en particulier qui aurait pu devenir l'acte fondateur de la physique quantique à lui seul.

Dans ce petit article, Schrödinger montra que les électrons dans un atome devaient obéir à des conditions mathématiques similaires aux ondes dites *stationnaires*, c'est-à-dire celles que l'on rencontre dans les instruments de musique (comme les cordes d'un violon ou la colonne d'air d'une flûte). Il exprima alors son sentiment d'avoir découvert quelque chose de profond mais n'eut pas la force, ou l'intuition, de franchir le pas et de conclure que les électrons possédaient vraiment des propriétés ondulatoires. Par un trait d'humour cosmique, de Broglie obtiendra le prix Nobel de physique en 1929, l'année même où Thomas Mann obtiendra celui de littérature…

De multiples expériences de diffraction et d'interférences de particules de matière ont eu lieu depuis. Avec des électrons, des neutrons, des atomes de diverses sortes, des molécules et même récemment de très grosses molécules... Contrairement à ce que vous pourriez penser, ce domaine de recherche n'est pas (qu')un jeu, il est motivé par des enjeux industriels et philosophiques majeurs !

Par exemple, la diffraction d'électrons et de neutrons (les particules de charge électrique nulle responsables d'environ la moitié de la masse des atomes) s'est rapidement muée en microscopie à très haute résolution. En effet, dans un microscope, c'est la longueur d'onde de l'onde utilisée (lumineuse dans un microscope optique usuel) qui donne l'ordre de grandeur de sa résolution, c'est-à-dire du plus petit objet pouvant être distingué. Avec de la lumière, on obtient donc une résolution de quelques centaines de nanomètres dans le visible et de quelques nanomètres avec des rayons X (un nanomètre étant égal à un milliardième de mètre, soit la taille typique d'un petit atome). Avec des électrons, la longueur d'onde de de Broglie peut même descendre jusqu'au picomètre (un millième de nanomètre), soit mille fois plus petite que la taille d'un atome !

Lorsque ce sont des atomes qui sont utilisés, ce n'est plus la microscopie qui est en jeu mais la métrologie, c'est-à-dire la construction d'appareils de mesure ultra-précis et ultra-stables. Ce sont les fameux interféromètres à ondes de matière qui, généralisant le principe des fentes d'Young, sont utilisés tantôt dans le rôle d'horloge atomique (pour fournir le temps de référence planétaire, si crucial pour les systèmes de positionnement du type GPS), tantôt dans le rôle d'accéléromètre ou de gravimètre (pour mesurer d'infimes accélérations et cartographier le champ de gravité terrestre en vue d'exploitation des sols).

Avec des molécules, l'idée maîtresse est toute autre : il s'agit de tester jusqu'à quel point un corps massif conserve un aspect ondulatoire malgré sa taille et sa complexité. Dans les dernières expériences de ce type, réalisées à l'université de Vienne en 2013, les molécules utilisées étaient composées de plus de 800 atomes, avec une masse totale équivalente à celle de plus de 10 000 atomes d'hydrogène… et pourtant, des interférences ont bien été observées !

La question sous-jacente à ces recherches est cruciale et passionnante : découvrir où se cache la limite entre ce mystérieux monde quantique et le monde classique (le nôtre, usuel et intuitif, où il n'y a pas d'aspect ondulatoire visible de la matière). C'est à une exploration d'un entre-deux-mondes que nous convient ces expériences, à une immersion dans une zone de vérité grise, comme dirait André Gide, foisonnante de questions ouvertes et délicieusement blasphématoires comme celle de réaliser un jour des interférences avec des organismes vivants (des virus par exemple ou, mieux, des bactéries). Quel sens alors donner à la vie si l'on est un jour capable de faire interférer du vivant ?

DES ONDES, OUI, MAIS... DE PROBABILITÉ !

Reprenons l'expérience emblématique des fentes d'Young, non pas avec des photons comme au chapitre 2, mais avec des particules de matière, des atomes par exemple, que l'on envoie sur un cache percé de deux fentes. Ce qui est constaté expérimentalement est complètement similaire aux franges d'interférences lumineuses : sur un écran, en sortie des fentes, apparaît une succession de bandes brillantes (avec beaucoup d'atomes) et de bandes sombres (avec peu ou pas d'atomes).

Il y a donc bien quelque chose d'ondulatoire associé à ces atomes... mais quoi ? Est-ce un phénomène collectif, comme les molécules d'eau dans la houle, où les atomes s'informeraient de proche en proche pour savoir comment s'organiser en sortie des fentes ? Non ! Expérimentalement, cette hypothèse ne tient pas. En effet, envoyons les atomes un par un sur les fentes, à des instants suffisamment espacés dans le temps pour éviter tout échange d'information entre eux, et enregistrons les endroits des impacts sur l'écran de sortie.

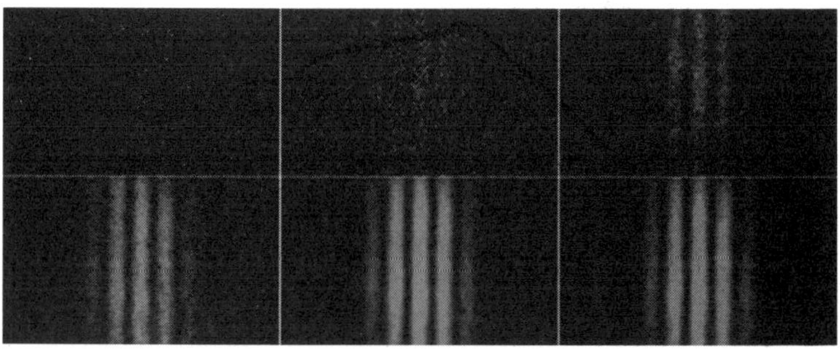

Construction progressive des franges d'interférences

On observe alors des impacts aléatoires sur presque toute la surface de l'écran. Ces impacts semblent à première vue être complètement imprévisibles, mais en en envoyant un grand nombre, on observe qu'ils s'ordonnent et s'organisent en bandes diffuses régulièrement espacées. On retrouve alors les franges d'interférences d'une onde classique, à la différence qu'elles se construisent ici point par point, chaque point étant obtenu de façon aléatoire. Ce n'est donc pas le résultat d'un phénomène ondulatoire collectif mais – aussi étrange que cela puisse paraître – individuel...

On obtient d'ailleurs le même phénomène avec de la lumière lorsque l'on réduit l'intensité lumineuse au maximum, de telle sorte qu'un seul photon soit émis à la fois et pénètre seul dans la zone des deux fentes. Une fois cette zone traversée, les photons se propagent jusqu'à l'écran qu'ils impactent, semble-t-il, au hasard. Avec quelques dizaines de photons, on serait ainsi bien incapable de dire quoi que ce soit sur ce petit nuage de points... mais avec quelques centaines on commence à deviner une répartition sous forme de bandes brillantes et sombres, qui deviennent ensuite clairement évidentes avec quelques milliers de photons. Sans surprise, ces bandes sombres et brillantes coïncident avec celles obtenues avec une source de lumière intense, pour laquelle des milliards de milliards (et même beaucoup plus en fait !) de photons traversent simultanément les fentes avant d'impacter l'écran.

Une onde peut donc être associée à toute particule, de masse nulle (comme les photons) ou non-nulle (comme les électrons, neutrons, atomes, molécules…). Si pour les photons cette onde semble être facile à identifier à première vue (une onde électromagnétique bien sûr, même si cette conclusion est en fait un peu hâtive, comme on le verra par la suite), il en est tout autre pour la matière.

Quelle est donc en effet cette onde associée à une particule de matière ? Est-elle réelle ? Physique ? Visible ? Est-elle au contraire une pure abstraction, évoluant dans un espace mathématique complètement distinct de notre espace-temps habituel ? Dans ce cas, comment fait-elle pour avoir des effets mesurables dans notre monde physique ?

Des ondes de matière réelles ?

Si l'onde de matière associée à un atome possédait une réalité physique, c'est-à-dire si cette onde était véritablement l'atome, alors nous pourrions isoler et observer des parties de cette onde, c'est-à-dire des morceaux d'atome… ce qui n'est expérimentalement pas le cas ! En fait, cette remarque est à nuancer car elle n'est vraie qu'au niveau élémentaire, pour un seul atome. On sait en effet produire des ondes de matière dans notre monde réel : des ondes de matière cohérentes comportant plusieurs millions d'atomes, similaires aux ondes lumineuses cohérentes connues sous le nom de *laser.*

Ce phénomène physique est appelé *condensation de Bose-Einstein* en hommage aux deux physiciens qui l'ont prédite et décrite en 1924-1925. Le terme *boson* a d'ailleurs été créé par Dirac en l'honneur du physicien indien Satyendra Nath Bose.

Dans un condensat atomique, tous les atomes sont décrits par la même onde quantique individuelle, créant ainsi une super-onde quantique collective (d'où le terme *cohérent*). Cette onde atomique présente alors certaines propriétés physiques habituelles d'une onde classique, et ce n'est que dans ce cas très précis, aujourd'hui tout au moins, qu'une interprétation réelle d'une onde de matière est possible.

Autre point crucial : puisque deux particules distinctes, préparées semble-t-il de la même façon, n'impactent pas l'écran de sortie au même endroit et que ce n'est qu'en cumulant un grand nombre d'impacts sur l'écran que l'on retrouve une figure d'interférences, comment donc une particule sait-elle où elle doit venir frapper l'écran, sur une bande brillante plutôt que sur une bande sombre ? De même, comment sait-elle qu'il lui faut participer à telle bande brillante plutôt qu'à telle autre, sachant qu'elle n'a pu échanger de l'information à ce sujet avec les autres particules (parties bien avant elle) ?

Si la réponse à cet enchevêtrement de questions fut principalement donnée par Schrödinger en 1925-1926, elle fut en fait nourrie par la réflexion de multiples acteurs dont Heisenberg, Born et, surtout, l'inévitable et omniprésent Einstein. C'est ainsi d'une réflexion collective qu'émergea l'interprétation de la fameuse onde Ψ que proposa Schrödinger et qui permit de faire tomber le « grand voile » que de Broglie avait commencé à soulever en 1923.

Et le résultat de ces travaux et réflexions est époustouflant ! L'onde associée à une particule de matière est totalement différente des ondes classiques habituelles : ce n'est pas une onde réelle, physique, mais une onde abstraite, évoluant dans un autre espace que le nôtre, dans un espace mathématique imaginaire pouvant avoir bien plus que trois dimensions...

Mais la surprise ne s'arrête pas là, car sa signification est encore plus troublante : cette onde ne nous donne pas des informations sur ce qu'*est* la particule, sur ses propriétés, c'est-à-dire sur la valeur des grandeurs qui pourraient la caractériser (comme la position, la vitesse, l'énergie...). Non, cette onde nous indique uniquement quelles sont les probabilités d'occurrence de telle ou telle valeur, en particulier la probabilité de trouver la particule en un endroit donné lorsque l'on mesure sa position.

Dit autrement, l'onde Ψ (appelée en fait *fonction d'onde*) qu'a introduite Schrödinger en 1926 est une « onde de probabilité » : elle ne nous dit pas ce qui *est*, mais ce qui *pourrait* être... Elle nous renseigne sur les possibles, sur ce qui peut advenir, et non pas sur ce qui est !

Ainsi, dans l'expérience des fentes d'Young, deux atomes identiques, préparés exactement de la même façon (donc décrits par la même onde de probabilité Ψ) et envoyés sur les fentes, n'impacteront pas l'écran de sortie au même endroit. Ils l'impacteront de façon aléatoire, préférentiellement aux endroits où l'onde de probabilité sera plus intense. Et ce n'est qu'en enregistrant un grand nombre d'impacts d'atomes que l'onde de probabilité se manifestera physiquement sur l'écran, qu'elle prendra corps dans notre monde réel en révélant à nos yeux son intensité.

L'effet tunnel : l'espace sans espace

Parmi les effets les plus spectaculaires liés à la nature ondulatoire des particules, l'**effet tunnel** est certainement celui qui connaît le plus d'applications pratiques. Le principe de ce célèbre effet est simple et est en fait valable pour tout type d'onde : lorsqu'une onde est envoyée sur un mur, une partie de l'onde peut traverser le mur si celui-ci est assez fin. Évidence pour les ondes sonores, ce phénomène somme toute banal devient beaucoup plus complexe lorsque l'onde est associée à... des particules ! Un ou quelques photons pour une onde lumineuse de très faible intensité, par exemple, ou des électrons, atomes ou molécules pour une onde de matière.

Pour les photons, le mur peut n'être qu'une simple vitre par exemple, tandis qu'il est plus généralement associé à une barrière énergétique pour des particules de matière. Cette barrière n'a rien de mystérieux et rend simplement compte des forces (électriques ou magnétiques par exemple) qui agissent sur les particules en question. Dans l'effet photoélectrique, par exemple, un électron de la surface d'un métal est lié énergétiquement au métal par des forces de nature électromagnétique, qu'il faut donc dépasser si l'on veut arracher cet électron (par l'intermédiaire d'une collision photon-électron par exemple).

Contrairement à ce qui se passe pour les ondes classiques, ce n'est alors pas la particule impactant un mur fin qui est coupée en deux, c'est sa probabilité de présence ! La particule possède ainsi une certaine probabilité de traverser le mur. D'autant plus importante que le mur est fin, et ceci de façon extrêmement sensible (exponentielle en fait). Par exemple, en approchant une pointe très fine d'une surface, on arrache d'autant plus d'électrons par effet tunnel que la distance pointe-surface est faible, permettant ainsi de cartographier cette surface : c'est d'ailleurs le principe de la microscopie à effet tunnel.

Les autres applications majeures concernent l'électronique (le principe des diodes et des semi-conducteurs repose sur l'effet tunnel) et l'énergie nucléaire (la fission et la fusion nucléaires s'expliquent également par un effet tunnel au sein des noyaux atomiques).

Attention toutefois, car le terme *tunnel* est trompeur ! Il peut laisser penser que la particule traversant la barrière énergétique le fait de façon classique, à travers un tunnel physique, c'est-à-dire typiquement avec une vitesse plus faible que la vitesse de la lumière. Ce n'est pas le cas : lorsqu'elles traversent une barrière par effet tunnel, les particules le font de façon quasi instantanée ! Tout se passe comme si les particules *sautaient* d'un endroit à l'autre, ne passant par aucune des positions intermédiaires... Une dématérialisation suivie d'une re-matérialisation instantanée de l'autre côté de la barrière. Comme si la largeur de la barrière disparaissait, et que l'entrée et la sortie du tunnel étaient instantanément connectées. Un déplacement abolissant notre notion usuelle de l'espace, se déroulant pour ainsi dire *en dehors de* l'espace...

DES HABITS POUR LE PRINCE : L'ÉQUATION DE SCHRÖDINGER

Selon de Broglie, toute quantité de matière possède un aspect ondulatoire, ce que l'on peut résumer par la formule « tout est onde ». De façon complémentaire, et en accord avec les travaux d'Einstein et de Heisenberg, le monde microscopique semble gouverné par le hasard : selon eux, tout n'est donc que probabilité... Ce qu'apporte Schrödinger est le lien entre ces deux descriptions de la réalité qui semblent à première vue inconciliables. Il introduit en effet le concept de *fonction d'onde*, que l'on note le plus souvent par la lettre grecque Ψ (Psi), et montre comment cette onde permet de décrire les effets ondulatoires de la matière. Après Schrödinger, tout n'est pas onde ou probabilité, tout est « onde de probabilité » !

Et cette double propriété ne s'applique pas qu'au monde étrange et si peu familier des atomes et autres photons... Selon la physique quantique, tout objet, du plus petit au plus gros, est décrit par une fonction d'onde particulière. Tout ensemble d'objets ou de particules aussi : une molécule, une cellule, un rocher, une plante, nous, aussi, ou n'importe quel animal, et le système solaire, et notre galaxie, et même l'Univers en entier... La dualité onde-corpuscule est donc plus subtile qu'elle n'en a l'air et, surtout, elle est universelle.

Mais ce qu'a accompli Schrödinger n'est pas simplement d'avoir compris ce que signifiait l'onde que de Broglie avait imaginé habiter chaque objet. Il lui a aussi donné vie en précisant sa nature, ses propriétés mathématiques et la façon dont elle évolue dans le temps.

Tout d'abord, comme évoqué précédemment, cette onde n'est pas matérielle et n'appartient pas à notre espace physique habituel. Elle est définie dans un espace mathématique abstrait appelé *espace de configuration*. Pour une particule ou un objet, cet espace ressemble trait pour trait au nôtre, à trois dimensions, celui dans lequel on vit et évolue tous les jours. En revanche, dès que l'on veut décrire plusieurs objets en interaction, la dimension de l'espace de configuration, sur lequel est définie la fonction d'onde totale, est directement proportionnelle au nombre d'objets considérés. Par exemple, pour deux particules, l'espace sur lequel est définie la fonction d'onde possède six (2 × 3) dimensions ! Neuf dimensions pour trois particules, douze pour quatre, etc.

Pour un grand nombre de particules, on comprend alors aisément pourquoi la formulation ondulatoire de Schrödinger suscita craintes et réserves de la part des scientifiques de l'époque, peu habitués qu'ils étaient à manipuler de tels outils mathématiques, et déjà bien assez ébranlés par l'arsenal mathématique de la formulation matricielle de Heisenberg. C'est pourtant cette propriété d'espaces qui se multiplient – apparente lourdeur de la théorie – qui est à l'origine du phénomène d'*intrication* (voir le chapitre 6) qui est sans doute l'effet le plus troublant et le plus riche de la physique quantique.

En fait, si l'onde de probabilité de Schrödinger n'est pas réelle, ce n'est pas seulement au sens physique du terme, mais également au sens mathématique. L'onde Ψ est en effet « complexe » ! À chaque point de l'espace de configuration correspond ainsi un nombre complexe, à partir duquel on déduit la probabilité que l'objet décrit par l'onde Ψ soit observé en ce point.

De fascinants nombres imaginaires

Les nombres complexes sont des nombres abstraits introduits par les mathématiciens italiens Tartaglia et Cardan au XVIe siècle pour résoudre des équations insolubles autrement. Ils s'écrivent sous la forme « a + i × b », où « a » et « b » sont des nombres réels habituels, et « i » est un nombre abstrait appelé *nombre imaginaire* puisqu'il vérifie la propriété « i × i = –1 », impossible à réaliser pour tout nombre réel.

Les nombres complexes ne sont pas seulement utilisés pour résoudre des équations mais jouent un rôle majeur dans tous les domaines scientifiques où des ondes apparaissent. Ils permettent en effet d'exprimer ces ondes de façon très compacte et de les manipuler mathématiquement avec beaucoup plus d'aisance que si elles avaient été exprimées avec des nombres réels. Cette description d'une onde classique en termes de nombres complexes n'est en rien imposée : c'est un choix particulier de représentation mathématique, uniquement dicté par des raisons pratiques.

Différence fondamentale avec les autres théories, les nombres complexes sont intrinsèques aux diverses formulations de la physique quantique. Ils apparaissent ainsi explicitement dans les équations de la théorie (dans l'équation de Schrödinger par exemple). Attention, contrairement aux autres ondes « classiques », cela ne résulte pas d'un choix mathématique, c'est une nécessité : sans les nombres complexes, pas de physique quantique ! Bien que non apparents dans notre quotidien, les nombres imaginaires sont donc en fait présents partout autour de nous. Mais l'imaginaire est-il jamais loin du réel ?

Un nombre complexe peut également être vu comme un vecteur, c'est-à-dire une flèche invisible reliant deux points dans l'espace, comme celle suivant la diagonale de la page que vous êtes en train de lire, partant du coin en bas à gauche et joignant le coin en haut à droite. Comme les largeur, hauteur et diagonale de cette page forment un triangle rectangle, Pythagore et les babyloniens nous enseignent que la longueur au carré de ce vecteur diagonal est égale à la somme de la largeur au carré et de la hauteur au carré. Pour un nombre complexe, la même technique est utilisée pour calculer sa taille (on dit son *module*). Par exemple, la taille au carré du nombre $3 + 4i$ est $25 = 3 \times 3 + 4 \times 4$. Pas si complexe finalement…

De façon générale, l'intensité d'une onde quelconque est obtenue en prenant le carré de son *amplitude*, c'est-à-dire plus simplement le carré de sa taille. Dans le cas d'une onde de probabilité de Schrödinger, l'intensité de l'onde – la probabilité recherchée – est donnée par le module au carré du nombre complexe Ψ (voir l'encadré ci-dessus), ce qui justifie par ailleurs l'appellation commune *amplitude de probabilité* pour l'onde Ψ.

Comme en météorologie, on peut alors construire une carte, non pas de température, mais de l'intensité de cette onde de probabilité. On obtient ainsi un paysage, avec des lignes de niveau, des monts et des vallées. Les montagnes correspondent aux lieux d'intensité maximale, c'est-à-dire là où l'objet décrit par l'onde Ψ a une forte probabilité d'être observé. Les vallées, au contraire, sont les lieux d'intensité minimale, là où il y a très peu de chance de trouver l'objet dans une mesure de position.

Arosa 1925 : la sensualité mise en équation

L'amour, sous toutes ses formes, a joué un rôle majeur dans la vie de Schrödinger. Plus que la sexualité à proprement parler, c'était le sentiment amoureux qui comptait pour lui. L'ivresse d'aimer et de se sentir aimé... La sensualité, l'érotisme et le désir furent ainsi de puissants stimulants, tant dans son existence que dans ses activités créatrices. L'équation qui porte son nom doit beaucoup à cette sensuelle passion.

C'est en effet durant l'hiver 1925-1926, dans la station thermale d'Arosa, dans les montagnes suisses, que l'histoire des sciences aime à dater la découverte par Schrödinger de cette équation qui fit tant pour sa renommée et celle de la physique quantique naissante. Là même où quelques années plus tôt il eut l'intuition de la nature ondulatoire de la matière, indépendamment de Louis de Broglie.

Et c'est accompagné d'une jeune femme bien mystérieuse (puisqu'on ne connaît toujours pas son identité) qu'il passa ces quelques jours à Arosa. Au dire de son ami mathématicien Hermann Weyl, c'est de ce sursaut érotique tardif que Schrödinger puisa la force créatrice pour établir son équation. L'histoire pourrait faire sourire si elle n'était pas corroborée par sa femme, Anny Schrödinger, dont l'amant n'était autre que... Hermann Weyl !

Bien que peu conventionnel, le couple que formaient Anny et Erwin Schrödinger resta très soudé et complice jusqu'à la fin de leur vie. L'originalité de leur union libre leur posa néanmoins de nombreux problèmes dans les pays occidentaux où ces mœurs étaient réprouvées. De manière particulièrement cocasse, c'est finalement l'Irlande qui, faisant fi de son puritanisme légendaire, accueillit avec tous les honneurs le couple Schrödinger après la Seconde Guerre mondiale.

S'il y a bien une équation qui résume à elle seule toute la physique quantique, c'est bien l'équation de Schrödinger. Son élaboration dans un chalet suisse en décembre 1925 était en fait motivée par une acerbe remarque du physicien Peter Debye qui, un mois plus tôt, s'était ouvertement moqué d'un exposé, jugé trop simpliste, que Schrödinger avait présenté à l'École Polytechnique Fédérale de Zurich sur ce qu'impliquait la découverte de de Broglie en physique. Debye avait notamment pointé du doigt le défaut majeur de la théorie ondulatoire de de Broglie : le manque d'une équation d'onde, c'est-à-dire d'une équation précisant comment évoluent ces fameuses ondes de matière.

Puisque de toute façon vous seriez sûrement tombés dessus tôt ou tard, voici la fameuse équation :

$$i\frac{h}{2\pi}\frac{d\Psi}{dt}=H\Psi$$

L'essentiel du mystère de la physique quantique est contenu dans cette équation, qu'hélas trop souvent les habitués ne prennent plus le temps d'observer… car les principaux ingrédients quantiques y sont présents : l'imaginaire complexe (à travers le nombre i) ; la quantification (à travers la constante h) ; la troublante omniprésence du nombre π dans nos équations décrivant la Nature ; la notion d'évolution, c'est-à-dire de variation temporelle d/dt ; l'énergie H comme moteur de cette évolution ; et bien sûr la fonction d'onde Ψ incarnant la dualité onde-corpuscule et le fait que tout n'est que vibrations.

Des vibrations qui évoluent dans un monde abstrait (l'espace mathématique de configuration) et nous renseignent sur les probabilités d'observation de certaines grandeurs dans notre monde physique. Des vibrations du possible qui s'incarnent parfois sous nos yeux. Une fin des certitudes au profit d'ondulatoires probabilités…

Mais attention, des probabilités prédites avec certitude ! Car, à l'instar des diverses équations d'évolution de la physique classique (mécanique, électromagnétisme...), l'équation de Schrödinger est déterministe : en effet, connaissant la fonction d'onde Ψ à un instant donné, cette équation permet de la connaître à tout instant ultérieur. Ainsi, même si les solutions de l'équation de Schrödinger sont de nature probabiliste et relèvent de l'inconnaissable, leur évolution, elle, est parfaitement déterminée et connue.

Cette équation si simple (certaines équations de la physique sont infiniment plus compliquées !) fit la gloire d'Erwin Schrödinger tant elle fut source de progrès et de découvertes. L'appliquant à divers domaines et exemples du monde atomique, Schrödinger publia au cours de l'année 1926 une série de six articles dans lesquels il montra comment sa formulation ondulatoire de la physique quantique permettait non seulement de retrouver les résultats obtenus par Heisenberg et ses collègues de Copenhague, mais également de rendre compte avec précision de quasiment toutes les observations atomiques de l'époque.

Comme celle d'Einstein en 1905, cette année 1926 fut donc une véritable *annus mirabilis* pour Schrödinger, qui connut alors une renommée internationale et une reconnaissance incontestée de ses pairs qui lui décernèrent le prix Nobel de physique en 1933.

Un point restait cependant à élucider. Puisque les deux formulations de la théorie – celle, ondulatoire, de Schrödinger et celle, matricielle, de Heisenberg, Born et Jordan – fournissaient les mêmes résultats, c'est qu'elles devaient être, malgré les apparences, équivalentes. Schrödinger, puis d'autres comme Pauli, Eckart et Jordan, s'attaquèrent au problème et montrèrent alors comment passer mathématiquement d'une formulation à l'autre, mais c'est véritablement le jeune et génial Anglais Paul Dirac (dont on suppose fortement qu'il était atteint du syndrome autistique d'Asperger) qui eut le fin mot de l'histoire à la fin de l'année 1926.

Selon lui, ces deux formulations, ondulatoire et matricielle, ne sont en fait que des représentations particulières d'une théorie plus générale, de la même façon qu'une idée peut être exprimée dans des langues différentes (par exemple, à l'aide de sinogrammes, d'alphabets, de braille, de hiéroglyphes...). C'est cette « métathéorie », formalisée par Dirac et le chercheur américano-hongrois von Neumann (1903-1957, un autre génie de précocité), qui devint finalement, en 1927, le cadre conceptuel de la physique quantique.

Reprenant l'analogie précédente des langages différents, l'accent de cette perspective plus générale est davantage mis sur les idées plutôt que sur la façon d'exprimer ces idées à travers une langue particulière. L'objet plutôt que son image ou l'un de ses reflets. L'essence plutôt que l'apparence, le fond plutôt que la forme. Même si ce fond évolue dans un monde mathématique abstrait...

CHAPITRE 5

LA MESURE QUANTIQUE : VOUS VENEZ DE MODIFIER CE LIVRE !

Au niveau quantique, l'acte d'observer ou de mesurer une propriété physique est déroutant: les résultats obtenus le sont de façon aléatoire et l'état de l'objet peut être soudainement modifié lors de la mesure. La limite entre le monde quantique de l'objet mesuré et le monde classique de l'appareil de mesure est activement étudiée, et diverses expériences semblent bouleverser notre notion usuelle du temps.

Que signifie réellement observer? Observer une étoile ou une fourmi, ou bien les mots sur cette page. Observer le vent qui souffle sur la mer ou le silence après la pluie. Observer, scruter, contempler... Avec nos yeux, bien sûr, mais avec tous nos autres sens également. Observer

« L'action, quelle qu'elle soit, modifie ce qui est au nom de ce qui n'est pas encore. Puisqu'elle ne peut s'accomplir sans briser l'ordre ancien, c'est une révolution permanente. »

Jean-Paul Sartre, *Saint Genet*

devient alors synonyme de sentir, ressentir, percevoir… mesurer ! De façon passive ou active, mais avec toujours l'insatiable curiosité de palper le monde.

« Il existe une mesure en toute chose », disait le poète latin Horace. Oui, mais laquelle ? répond avec malice le physicien ! Mesure classique ou mesure quantique ? Cette fameuse **mesure quantique**, si subtile et complexe, et qui continue de faire sourciller tant de chercheurs de pointe… Alors bien sûr, j'entends déjà notre très cultivé voisin de transat nous asséner qu'il est purement et simplement impossible de comprendre la notion de *mesure quantique* en quelques plages, euh, en quelques pages.

Impossible ? Vraiment ? Peut-on relever le défi ? Peut-on réellement comprendre l'intraduisible et « fracasser la nuit originelle de l'incompréhension », selon les mots de l'écrivain québécois Pierre Turgeon ? C'est en tous cas le projet de ce chapitre, alors posons notre regard quelques instants sur l'horizon bleuté, prenons une grande inspiration et préparons-nous à plonger dans les profondeurs de l'indicible !

Mais avant d'explorer les mystères de la mesure quantique, attardons-nous un moment sur la notion classique de mesure physique.

QU'EST-CE QU'UNE MESURE CLASSIQUE ?

Du plus lointain qu'on s'en souvienne, les êtres humains ont toujours cherché à étendre leurs capacités d'observation et de mesure du monde. Cette soif d'explorer vers le plus loin, le plus grand et le plus petit nous a amenés vers des territoires inconnus, tant sur Terre que dans l'espace ou au cœur de la matière. Mesurer la force des vents ou des courants, la distance à la Lune ou la taille de l'Univers, la puissance d'un cheval ou la dureté d'un métal, la température de l'air ou la vitesse d'une balle, la structure d'un atome ou l'énergie du vide...

Si pendant des siècles, l'observation d'une chose, la mesure de ses propriétés physiques, ne posa que des problèmes techniques (pour y avoir accès) ou philosophiques (peut-on tout savoir d'une chose ? une observation a-t-elle la même valeur qu'une expérience ? où se situe la frontière du savoir objectif ?), tout changea avec l'avènement de la physique quantique et des théories de la relativité (restreinte et générale) au début du XXe siècle.

En l'espace d'une vingtaine d'années, ces théories révolutionnaires ont mis à bas tout ce qui semblait être certain et immuable en physique : la nature du temps et de l'espace, les notions de simultanéité, d'identité, de localité, et même le concept pourtant si intuitif de réalité.

Les observations dans le monde de l'infiniment petit ont, en particulier, forcé les scientifiques à revoir en profondeur et redéfinir intégralement la notion de *mesure*. Tel que défini en physique classique – non quantique donc –, l'acte de mesurer consiste en effet à acquérir une information sur certaines propriétés d'un système physique, que ce système soit matériel (un objet, une particule ou une onde sonore, une vague ou une goutte d'eau, moi, vous ou une étoile), ou non-matériel (une onde lumineuse par exemple). L'information obtenue peut être la vitesse, la position, l'énergie, la température, le volume, l'orientation...

Cette définition d'une mesure laisse à penser qu'un système physique posséderait en lui-même des propriétés ayant chacune une valeur bien déterminée – prédéterminée – avant même que la mesure ne soit réalisée. D'autre part, cette définition si intuitive et naturelle laisse également croire que ces propriétés sont accessibles à la mesure et que l'information acquise reflète fidèlement les propriétés mesurées, indépendamment de l'appareil de mesure et de l'expérimentateur. Elle ne dit rien non plus sur la possibilité, ou l'impossibilité, de mesurer plusieurs propriétés différentes d'un même objet en même temps (comme sa vitesse et sa position par exemple).

Enfin, cette définition ne nous dit rien de l'après mesure, c'est-à-dire après que la mesure a été effectuée. Quel sens donner en effet à l'information alors obtenue ? Caractérise-t-elle l'état du système physique avant, pendant ou après la mesure ? Si, par exemple, le fait de mesurer une propriété perturbe le système physique étudié, quelle signification donner alors à l'information acquise pendant la mesure puisque celle-ci ne reflète pas le véritable état du système après la mesure ?

QU'EST-CE QU'UNE MESURE QUANTIQUE ?

Comme nous l'avons vu dans les chapitres précédents (pour l'énergie des atomes par exemple), en physique quantique, mesurer une grandeur physique ne conduit qu'à certaines valeurs bien précises, toutes les autres étant apparemment interdites. Les nombres obtenus, résultats numériques de la mesure, se répartissent donc de façon discrète et non pas continue, un peu comme des encoches sur une règle graduée. On dit alors que cette grandeur est quantifiée et l'on peut par exemple la représenter sous la forme d'un tableau de nombres comme dans la mécanique des matrices de Heisenberg, Born et Jordan.

Ce que nous apprennent alors Einstein, Born et Schrödinger, c'est que ces nombres particuliers – résultats possibles d'une mesure – sont obtenus de façon totalement aléatoire, c'est-à-dire au hasard. Exceptés quelques cas particuliers, ils ne sont donc en général pas prévisibles avec certitude, et seule la fréquence moyenne de leur apparition lors de mesures répétées est calculable.

Ce qui est connaissable et certain, en revanche, c'est la probabilité avec laquelle ces résultats seront obtenus. Un peu comme pour les boules de loterie qui sortent de façon aléatoire d'une urne mélangeuse avec une probabilité identique (égale à 1/50 s'il y a 50 boules dans l'urne, par exemple).

Cette probabilité de mesure est alors directement reliée à l'aspect onde de la chose étudiée, c'est-à-dire à l'onde que Schrödinger a associée à tout objet, matériel ou non, à la suite des travaux de Louis de Broglie. Une onde mathématique, abstraite et complexe, appelée aussi *fonction d'onde*. En effet, selon l'interprétation dite *de Born*, c'est en calculant l'intensité de cette onde abstraite que l'on peut connaître la probabilité recherchée.

À un détail près cependant… En effet, dans le cas d'une mesure de position, l'intensité de l'onde en un endroit donné donne bien accès à la probabilité de trouver l'objet en cet endroit par une mesure appropriée. En revanche, pour d'autres types de mesure, pas nécessairement de position, on a plutôt recours à la généralisation (effectuée par Dirac et von Neumann à la fin des années 1920) de l'onde de Schrödinger à ce que l'on appelle les *états quantiques*.

L'onde de Schrödinger d'un système physique peut ainsi être vue comme une représentation particulière d'un état quantique, celle qui s'exprime en fonction de la position de chaque constituant du système (on parle ainsi de *représentation position* de l'état quantique).

Des questionnements naturels surgissent alors : d'où viennent ces états quantiques ? Comment sont-ils définis ? Quel est leur lien avec l'appareil qui effectue la mesure, avec les résultats possibles de mesure, et avec les probabilités d'occurrence de ces résultats aléatoires ?

Ce que postule la physique quantique est que n'importe quel état quantique peut être exprimé à l'aide de certains états particuliers, appelés *états propres*, qui sont directement liés à l'opération de mesure effectuée (en clair, à l'appareil de mesure utilisé). Ces états propres de la mesure sont définis de façon très simple : ce sont les états pour lesquels les résultats de mesure sont certains !

Pas flou sur les bords

Comme nous le savons déjà, les résultats de mesure en physique quantique sont en général aléatoires… c'est-à-dire que leur probabilité d'apparition est comprise entre 0 et 1 (ou, de façon équivalente, entre 0 % et 100 %). Les deux cas extrêmes – 0 ou 1 – correspondent cependant à des résultats certains : lorsque le résultat est soit interdit (probabilité nulle) soit, au contraire, sûr d'être obtenu (probabilité égale à un). Les états quantiques associés sont précisément ce que l'on appelle *états propres de la mesure.*

Comment obtient-on ces états propres ? Par tâtonnements ? En effectuant par exemple la même mesure sur plusieurs systèmes physiques (des atomes par exemple) préparés de façon identique, puis en regardant si l'on obtient à chaque fois le même résultat de mesure ? En effet, si c'est bien le cas, on peut alors raisonnablement conclure *a posteriori* que les systèmes physiques ont bien été préparés dans un état quantique propre de la mesure. Le problème avec cette méthode est que la question initiale est simplement reportée sur l'étape de préparation : comment donc préparer plusieurs systèmes physiques dans le même état quantique ?

Paradoxalement, la réponse à cette question est à la fois subtile et très simple. Subtile car elle fait appel à un principe polémique (celui de la réduction de la fonction d'onde) que l'on détaillera plus loin, mais également très simple puisque ce principe revient à dire qu'après une mesure, le système physique mesuré se trouve instantanément projeté (on dit aussi *effondré* ou *réduit*) dans l'état quantique propre associé au résultat de mesure.

L'état quantique du système après une mesure est donc non seulement bien défini et connaissable avec précision, mais il est aussi indissociablement lié à l'appareil effectuant la mesure, puisque c'est l'un de ses états propres.

Fond de ressemblance et vraie différence

Vu du monde réel, c'est-à-dire le nôtre, celui où se déroule l'action de réaliser matériellement la mesure, rien, ou presque, ne permet donc de distinguer *a priori* une mesure quantique d'une mesure classique. Dans les deux cas, on effectue la mesure et on obtient un nombre à la fin, celui inscrit sur l'écran d'un ordinateur par exemple, ou la graduation qu'indique l'aiguille d'un détecteur. En revanche, dans le cas quantique, l'énorme différence est que le résultat est obtenu de façon aléatoire.

Deux mesures identiques sur deux systèmes préparés de la même façon (dans le même état quantique donc) ne conduisent au même résultat de mesure que lorsque leur état quantique avant mesure est l'un des états propres de la mesure. Sinon, on obtient deux résultats différents, totalement imprévisibles. Seule la probabilité d'occurrence de ces résultats de mesure peut être prévue et calculée à partir de l'état avant la mesure.

EFFONDREMENTS ET VAGABONDAGES

Une mesure quantique typique comporte donc trois étapes fondamentales : avant la mesure (les probabilités d'obtenir tel ou tel résultat), pendant la mesure (le résultat aléatoirement obtenu parmi tous les résultats possibles), et après la mesure (la projection dans l'état propre associé au résultat de mesure réellement obtenu). C'est cette troisième étape – appelée communément *effondrement du paquet d'ondes* – qui fait couler des torrents d'encre depuis sa formulation par Werner Heisenberg et John von Neumann à la fin des années 1920.

Le terme *effondrement du paquet d'ondes* fait référence au fait que, dans le cas d'une mesure de position sur une particule, on obtient bien une et une seule position comme résultat de mesure. La particule est donc bien localisée en un point lors de cette mesure alors que, juste avant la mesure, elle était décrite par une onde. Or, une onde est un objet *délocalisé*, c'est-à-dire s'étendant partout, ou tout au moins dans un grand volume, même lorsque l'on considère une combinaison de plusieurs ondes enchevêtrées (d'où le terme *paquet d'ondes*).

Lors de la mesure, il y a donc une transition quasi instantanée d'un objet-onde à un objet-point ! Un effondrement brusque en un point isolé de l'espace... qui peut donner l'étrange impression d'avoir affaire à un tour de magie.

Mais attention, cependant, à ne pas imaginer que cette réduction soudaine se déroule dans *notre* espace ! Elle advient en fait dans un autre espace, l'espace mathématique abstrait où cette onde de probabilité existe. Comme on l'a vu, cette onde, qu'on appelle aussi *fonction d'onde*, est en fait une onde d'informations sur ce qu'est, ou peut être, l'objet qu'elle décrit. L'effondrement dont on parle est donc une réduction soudaine de l'information caractérisant l'objet étudié : il pouvait être à plusieurs endroits avant la mesure et celle-ci l'a fait apparaître à un endroit donné, l'un des endroits où la probabilité de l'y détecter n'était pas nulle. C'est un effondrement mathématique, un changement brusque d'une fonction mathématique, ce qui n'a finalement rien de magique !

Plus généralement, le terme *effondrement du paquet d'onde* désigne la troisième étape d'une mesure, même lorsque celle-ci ne concerne pas la grandeur position. C'est l'étape de projection, c'est-à-dire celle du passage quasi-instantané d'un état quantique à un autre état quantique lors d'une mesure (ce dernier état étant celui associé au résultat obtenu lors de la mesure).

Mettre la mesure au pas !

Plaçons-nous dans un monde imaginaire où les effets quantiques seraient bien plus importants... Supposons alors qu'on effectue une mesure de vitesse quantique sur un marcheur avec un hypothétique appareil de mesure de vitesse où les seuls résultats (quantiques !) possibles seraient 0 et 100 km/h. Cet appareil indiquerait alors 0 ou 100, de façon aléatoire, et l'état quantique du marcheur immédiatement après cette mesure serait celui associé au résultat de mesure : c'est-à-dire soit 0 km/h, soit 100 km/h, et uniquement l'un de ces deux résultats.

Évidemment, bien qu'aléatoire, le résultat « 100 » serait bien moins probable que le résultat « 0 », mais il serait tout de même possible (conduisant alors à une accélération monumentale du marcheur après mesure !), et serait donc parfois obtenu si l'on effectuait cette mesure sur un grand nombre de marcheurs identiques. Mais hélas l'analogie s'arrête là, ne laissant que d'inassouvis fantasmes à certains lecteurs-marcheurs qui auraient pu croire un instant en l'existence d'un tel appareil...

UNE CERTAINE INDÉTERMINATION

Parallèlement à l'effondrement quasi-physique de l'onde de probabilité, il y a l'effondrement de nos certitudes quant aux propriétés intrinsèques d'un objet, c'est-à-dire à celles qui le caractérisent complètement en physique classique habituelle. En physique quantique, ce qui est propre à un objet, ce ne sont pas les valeurs de ses propriétés physiques, mais les probabilités de les obtenir dans une mesure. Dire d'un objet qu'il *a* telle ou telle propriété physique (position, vitesse...) n'a, aux yeux de la physique quantique, aucun sens *entre* deux mesures.

C'est par exemple l'acte de mesurer la position d'un objet qui lui confère – de façon aléatoire, donc non-prévisible avec certitude – une position particulière. Mais cette information «position» n'a de sens qu'à l'instant précis de la mesure. Ni avant, ni après. De plus, cette mesure de position n'est pas sans conséquence sur la valeur des autres propriétés physiques (comme la vitesse par exemple) que d'autres mesures auraient pu donner à cet objet. Il y a même une interdiction fondamentale de pouvoir mesurer simultanément certains couples de grandcurs physiques, grandeurs que l'on dit alors *conjuguées*. Par exemple les grandeurs position et vitesse, ou énergie et durée de vie.

C'est en fait une illustration du fameux principe d'indétermination, énoncé par Heisenberg en 1927 et connu aussi sous le nom de *principe d'incertitude*, même si ce nom est trompeur car il laisse penser que l'impossibilité dont on parle résulterait d'une incertitude d'origine expérimentale.

La réflexion de Heisenberg portait initialement sur l'impossibilité de voir un objet sans le modifier. En effet, la nature corpusculaire de la lumière implique que pour voir au sens usuel du terme, c'est-à-dire en captant un peu de lumière émise ou réfléchie par un objet, il est nécessaire que cette lumière contienne au moins un photon. Il n'est en effet pas possible d'atténuer la lumière en dessous de ce seuil d'un photon... Or, comme on l'a vu précédemment (voir le chapitre 3), ce photon change la fameuse vitesse de l'objet observé en interagissant avec lui (donnant naissance à la fameuse pression de radiation qui gonflera peut-être les voiles solaires des futurs vaisseaux spatiaux).

Immédiatement après avoir émis ou réfléchi ce photon, l'objet regardé voit donc sa vitesse modifiée de façon irrémédiable et imprévisible. De plus, comme l'objet observé change nécessairement de position après cette interaction lumineuse, l'information de position donnée par le photon n'est plus pertinente. Il est donc impossible d'observer une chose sans la modifier légèrement. Par exemple, en lisant ces lignes, vous venez, sans même vous en rendre compte, de modifier ce livre !

L'effet est d'ailleurs d'autant plus important que l'énergie du photon est intense, c'est-à-dire que sa longueur d'onde est faible (voir le chapitre 2) : ainsi, plus précise est l'information sur la position, plus importante est la perturbation de la vitesse de l'objet regardé, et réciproquement. Les informations position et vitesse ne sont donc connaissables qu'avec une précision inverse ! Si l'on se contente d'une précision grossière, aucun souci, mais si l'on recherche une précision très fine, on fait alors face à une impossibilité de principe : soit la position, soit la vitesse, mais pas les deux simultanément.

La conséquence majeure du principe d'indétermination de Heisenberg est qu'un objet – un atome ou un électron par exemple – ne peut pas avoir de trajectoire bien définie selon la physique quantique standard ! Pour cela, en effet, il faudrait qu'il soit possible de mesurer à la fois sa position *et* sa vitesse à plusieurs instants donnés. Les électrons d'un atome, par exemple, ne peuvent donc pas suivre d'éventuelles orbites autour du noyau de l'atome… tout simplement parce que ces trajectoires n'existent pas ! (D'ailleurs, même si elles existaient, elles ne seraient pas mesurables.)

Dans le monde quantique, il semble donc que parler de trajectoire n'ait pas plus de sens que de parler d'un lieu où il ferait simultanément jour et nuit, ou du bruit sec que ferait une seule main qui claque…

L'union des complémentaires…

L'analogie avec le kōan zen de la main qui claque n'est pas fortuite car les philosophies extrêmes orientales (le bouddhisme, l'hindouisme et le taoïsme en particulier) ont très tôt séduit, ou du moins vivement intéressé, les découvreurs des lois quantiques. Par exemple, le Danois Niels Bohr se sentit assez proche du taoïsme pour en reprendre la figure de proue, le taijitu, symbole bien connu en noir et blanc du Yin et du Yang, qui exprime la complémentarité des contraires.

Il l'afficha même sur la porte de son bureau et le choisit comme sceau dans ses armoiries. Il y puisa surtout l'inspiration pour exprimer – sous forme d'un principe général – une réalité constatée expérimentalement au cours des années 1910-1920, et que Heisenberg avait traduite mathématiquement dans certains cas particuliers avec son principe d'indétermination. Selon Bohr, la dualité fondamentale qui semble se manifester en physique quantique n'est que le reflet de l'existence de grandeurs non pas contraires mais complémentaires.

Armoiries de Niels Bohr

Ce principe, dit *de complémentarité*, postule ainsi que la dualité onde-corpuscule ne résulte que de notre ignorance de la nature véritable de l'objet étudié, les aspects onde et corpuscule étant alors vus comme des facettes différentes de cet objet. Des facettes non seulement différentes mais également incompatibles, s'excluant mutuellement, comme dans le cas de la mesure des informations position et vitesse d'une particule par exemple. Une union des contraires sous la forme d'une inaccessible réalité qui les transcenderait... il en faut moins, avouons-le, pour que nos imaginations s'emballent

DES FENTES PAR OÙ S'ENFUIT LE TEMPS...

À défaut d'être érigée en tant que principe de la théorie, la complémentarité à la Bohr se constate expérimentalement dans de multiples situations. La plus symptomatique et révélatrice est l'une des nombreuses variantes de la célèbre expérience des fentes d'Young (que nous avons déjà vue au chapitre 2). Expérience simple mais puissante, mettant en lumière un phénomène d'interférences de particules (photons, électrons, atomes, molécules...) envoyées une à une sur les fentes.

« Dans mon bureau de la rue Mexico je conserve la toile que quelqu'un peindra, dans des milliers d'années, avec des matériaux aujourd'hui épars sur la planète. »

Jorge Luis Borges, *Le livre de sable*

Dans cette variante est ajouté un dispositif « particule *versus* fente » qui permet de détecter si une particule passe par l'une des deux fentes (celle de gauche ou celle de droite). Situé entre les fentes et l'écran de sortie, ce dispositif détermine le passage par une fente de façon indirecte, c'est-à-dire sans perturber l'hypothétique trajectoire de la particule envoyée sur les fentes. Qu'advient-il dans ce cas des impacts des particules sur l'écran de sortie ? S'organisent-ils sous forme de franges d'interférences comme dans le cas où il n'y a pas ce dispositif ?

La réponse est négative. Les impacts des particules ne forment aucune frange d'interférences sur l'écran. Au contraire, ce que l'on observe correspond en fait à la somme de ce que l'on observerait en envoyant la moitié des particules sur la fente de gauche et l'autre moitié sur la fente de droite : deux groupes d'impacts, un derrière chaque fente. Autrement dit, les particules passent de façon aléatoire par l'une ou l'autre des fentes, mais ce faisant ne perçoivent pas la présence de l'autre fente et se comportent comme si celle-ci n'existait pas. Ainsi, le seul fait de mettre un capteur qui détecte l'aspect corpusculaire, bien localisé, des particules semble faire disparaître leur comportement ondulatoire. Posséder l'information corpusculaire « par quelle fente passe la particule » fait donc perdre l'information ondulatoire...

Plus fort encore, on sait depuis quelques années, réaliser des dispositifs « particule *versus* fente » qui ne nous donnent qu'une information *partielle* sur la fente par laquelle passe chaque particule. On peut donc ne pas savoir exactement par quelle fente passe la particule, et même régler à volonté cette information de nature corpusculaire. Le résultat est sans appel : plus on sait précisément par quelle fente passent les particules, moins les franges d'interférences se dessinent nettement ! Il y a donc bien une totale complémentarité entre les aspects onde et corpuscule.

La subtilité réside dans le fait que *pouvoir* détecter par quelle fente pourrait passer une particule *fait* que cette particule se comporte comme un corpuscule plutôt que comme une onde. Par exemple, avec un dispositif qui ne détecte le passage qu'à travers une fente, on obtient le même résultat. Supposons par exemple que cette fente soit celle de gauche, alors, quand on envoie une particule sur les fentes et que le capteur ne détecte rien, cela signifie indirectement que la particule est passée par la fente de droite. C'est-à-dire que le simple fait de savoir qu'une particule ne passe pas par l'une des fentes (une non-mesure donc, appelée aussi *mesure non-destructive*) transforme la particule et la réduit à son aspect corpusculaire. Le fait que la particule *aurait pu* être détectée par la fente de droite a effacé son aspect onde. Aussi désarçonnant que cela puisse paraître, en physique quantique, des événements qui auraient pu se produire mais ne se sont pas produits ont un effet mesurable. Ce troublant phénomène porte un nom : la *contrafactualité*.

Encore plus fort : comme l'a fait remarquer le physicien américain John Wheeler en 1978, on peut en fait choisir de n'acquérir l'information « par quelle fente passe la particule » que très tard dans l'expérience, par exemple juste avant impact sur l'écran, c'est-à-dire longtemps après que la particule a traversé la zone des deux fentes… On appelle d'ailleurs ce genre d'expériences des *expériences à choix retardé*. Dans ce cas, les mêmes résultats sont observés : il n'y a aucune frange d'interférence !

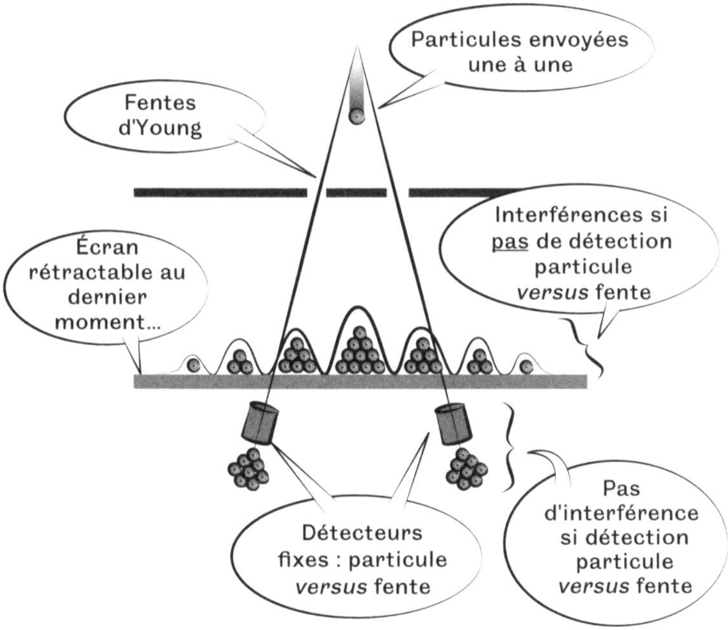

Expérience à choix retardé

Le point troublant dans cette dernière expérience est qu'au dernier moment, c'est-à-dire juste avant que la particule n'impacte l'écran, on peut très bien décider de ne pas savoir par quelle fente est passée la particule... Ou même d'acquérir cette information mais de choisir, avant d'en avoir connaissance, de l'effacer par un moyen adéquat (appelée à juste titre *gomme quantique*). Dans ce cas, l'information « par quelle fente passe la particule » reste inconnue et les impacts dessinent à nouveau des franges d'interférences.

Une expérience de la taille de l'Univers

Ces troublants phénomènes semblant abolir le temps ne sont pas restreints aux laboratoires. Ils sont validés et vérifiés quelle que soit la taille de l'expérience ! Dans les expériences imaginées par le physicien John Wheeler, par exemple, la lumière utilisée est celle émise par une galaxie lointaine, et la distance entre l'écran de détection et ce qui joue le rôle des deux fentes pour cette lumière cosmique peut donc avoir la taille... de l'Univers ! En 2016, une expérience italienne a déjà permis de faire un premier pas en ce sens en réalisant une telle expérience dans l'espace, entre la Terre et plusieurs satellites, avec de la lumière se propageant sur des distances dépassant les 3 000 km... Avec là encore, le même résultat : quel que soit l'instant choisi pour regarder par quelle fente passe une particule, cette mesure de type corpusculaire fait que cette particule se comporte comme un corpuscule et non comme une onde. Comme le souligne le physicien australien Andrew Truscott, qui a réussi en 2015 à réaliser une telle expérience à choix retardé, non pas avec de la lumière mais avec des atomes : « Au niveau quantique, la réalité n'existe pas si nous ne la regardons pas ! »

L'acte de détecter, ou non, par quelle fente passe la particule agit donc sur le comportement global qu'a la particule dans tout le système expérimental, en particulier dans la zone des deux fentes où elle peut se comporter soit comme une onde (quand il n'y a pas détection « par quelle fente passe la particule »), soit comme un corpuscule (quand il y a cette détection).

L'acte de détection « par quelle fente passe la particule » ayant lieu bien après que la particule a traversé la zone des fentes, il semble alors agir dans le passé, sous la forme d'une influence, ou rétroaction, du futur vers le passé... Notre choix de déroulement de l'expérience semble ainsi déterminer l'état antérieur de la particule, abolissant par là même notre notion usuelle du temps.

Dit autrement, tout se passe comme si chaque particule explorait simultanément tous les *chemins* possibles, à travers l'espace et à travers le temps. S'il n'y a pas détection « par quelle fente passe la particule » avant l'écran, alors les chemins possibles sont ceux conduisant à des interférences ; sinon, s'il y a détection, seuls sont possibles les chemins ne conduisant pas aux interférences.

Sur les chemins de Feynman...

Cette approche en termes de chemins d'espace-temps est en fait celle développée par le génial physicien américain Richard Feynman (1918-1988), l'un des derniers grands penseurs – et passeur – de science du XXe siècle. Pédagogue hors pair, iconoclaste et parfois loufoque, il jouait du tam-tam debout et n'aurait pas dépareillé dans un cercle des poètes-physiciens disparus. Il est également connu pour ses aphorismes et autres réflexions percussives. Ainsi, lorsqu'il la présentait à ses étudiants, Feynman avait coutume de leur dire que l'expérience des fentes d'Young contenait le seul vrai mystère de la physique quantique et qu'il lui était impossible, à lui, prix Nobel de cette théorie, de leur expliquer ce mystère, quand bien même il pouvait décrire en détail comment elle fonctionne...

DÉCOHÉRENCE DANS L'AZUR

Faire une mesure dans le monde quantique n'a donc généralement rien de commun avec ce que l'on entend habituellement dans le monde classique, c'est-à-dire non-quantique. C'est un acte très particulier où règnent l'aléatoire et le soudain. En effet, après une mesure quantique sur une chose, l'un des résultats possibles est obtenu au hasard et la chose mesurée est projetée dans un état quantique qui n'a éventuellement rien à voir avec celui d'avant la mesure.

Cette modification radicale se déroule en un temps extrêmement court, si court même qu'elle nous semble instantanée. *Discontinue.* Un problème se pose alors : comment concilier ce comportement discontinu avec l'équation *continue* de Schrödinger ? En effet, celle-ci est censée décrire l'évolution de tout état quantique, sans distinction de taille ou de rôle dans la mesure.

Il y a ainsi un état quantique caractérisant l'objet à mesurer et un état quantique caractérisant l'appareil de mesure. Il y a même, en fait, un état quantique décrivant l'ensemble « objet à mesurer + appareil de mesure », tout comme il y en a un qui inclut l'expérimentateur, un autre le laboratoire, la Terre et même l'Univers en entier ! L'évolution de chacun de ces états est supposée être décrite par la fameuse équation de Schrödinger, mais le problème est que celle-ci, du fait de sa forme mathématique, ne permet *pas* de changement brusque ou discontinu…

L'évolution au cours du temps des états quantiques telle que donnée par l'équation de Schrödinger semble donc incompatible avec la notion de mesure quantique. Et pourtant, tant l'équation de Schrödinger que la projection soudaine lors d'une mesure sont extrêmement bien vérifiées et reproduites expérimentalement !

Comment alors comprendre ce double comportement ? Qu'est-ce qui décide, pour un objet, que son évolution sera douce et continue, comme cela se passe entre deux mesures, ou bien hachée et discontinue, comme lors d'une mesure ?

Finalement, on en revient encore et toujours à la question initiale de ce que peut bien être une mesure, *a fortiori* lorsqu'elle est quantique. Est-il alors possible de regarder cela avec un œil neuf, de « réapprendre à voir le monde », comme le dit si bien le philosophe des sciences Maurice Merleau-Ponty dans ses réflexions sur le visible et l'invisible ?

Mesure et évolution ne font pas bon ménage !

Parmi les effets quantiques amusants, l'effet Zénon quantique repose sur le fait que, si la durée entre deux mesures est réduite, l'état quantique de l'objet mesuré n'a pas le temps d'évoluer et reste pour ainsi dire figé. En répétant continuellement une mesure, on peut donc bloquer l'évolution normale, à la Schrödinger, d'un système quantique. Un peu comme lorsque l'on empêche quelqu'un de dormir en lui demandant sans arrêt s'il dort…

À bien y réfléchir, une mesure n'est en effet rien de moins qu'une interaction. Une interaction entre deux choses : l'objet mesuré et l'appareil de mesure. Si en physique classique il n'y a pas de différence de nature entre ces deux choses, il n'en est plus de même en physique quantique. Dans une mesure quantique, ce sont les propriétés de l'appareil de mesure qui dictent les résultats probables et les états quantiques possibles après la mesure, ce ne sont pas les propriétés de l'objet. Ces dernières n'interviennent que pour préciser la valeur des probabilités des résultats possibles.

Si une mesure est une interaction, il n'est pas difficile d'imaginer à quoi peut ressembler une mesure quantique en pratique. La pointe très fine d'un appareil de mesure sophistiqué s'approchant d'un atome pour le sonder par exemple. Ou bien une plaque détectrice de photons (utilisant l'effet photoélectrique ; voir le chapitre 2) pour capter la lumière émise par une molécule…

Mais alors, quelle différence fondamentale existe-t-il entre l'appareil de mesure et l'objet mesuré ? Les deux sont en effet composés d'atomes et de molécules. Ce sont deux objets de même nature du point de vue de la physique quantique. Ils peuvent même être tout à fait constitués des mêmes atomes et molécules. Et pourtant, il est évident que les appareils de mesure n'ont pas de propriétés ondulatoires par exemple. Ils ne disparaissent pas non plus soudainement d'un endroit pour réapparaître aussi soudainement ailleurs ! Quelle est donc la différence entre un objet quantique et un objet classique ?

Bien sûr, la différence qui saute aux yeux en premier est celle de la taille entre les deux objets. C'est-à-dire le nombre d'atomes impliqués : peu, typiquement, pour un objet présentant des effets quantiques mesurables facilement, mais énormément pour un appareil de mesure, des milliards de milliards même !

On peut alors imaginer que les aspects onde de chaque atome de l'appareil de mesure s'enchevêtrent et se brouillent mutuellement. L'analogie est frappante : jetons un grain de sable dans un étang calme et nous verrons se propager de magnifiques ronds dans l'eau ; jetons une poignée de sable, et nous ne verrons qu'un clapotis informe, résultant de l'enchevêtrement incohérent de centaines de ronds dans l'eau.

Cet effet d'atténuation, voire de disparition, des effets quantiques pour un grand nombre de particules impliquées porte le nom de *principe de correspondance.* Plus qu'un principe, c'est une propriété constatée (mais non générale) qui est à l'origine de nombreuses études expérimentales tentant de déterminer la frontière entre les mondes classique et quantique. À l'instar des ronds dans l'eau incohérents créés par la poignée de sable, on parle aussi de phénomène de **décohérence**.

Le temps de décohérence est alors la durée au terme de laquelle un objet perd ses propriétés quantiques et devient classique. Pour un objet à notre échelle, c'est-à-dire composé de milliards de milliards d'atomes, ce temps de décohérence est infiniment bref. Mais même pour un atome, ce temps peut être quasi nul ! Il suffit qu'il interagisse avec beaucoup de particules, par exemple celles composant l'air que l'on respire ou même simplement les photons de la lumière ambiante qui viennent l'impacter. D'où la nécessité, pour préserver la **cohérence quantique** d'un objet, de l'isoler au maximum de tout environnement perturbateur.

Mais il y a plus subtil encore. Comment l'appareil de mesure *sait-il* qu'il doit se comporter comme cela ? Comment en effet les atomes composant l'appareil de mesure *savent-ils* qu'ils doivent se comporter de telle sorte que leur interaction collective avec l'objet mesuré conduise à tel type de mesure plutôt qu'à tel autre ? Une mesure de position plutôt qu'une mesure de l'énergie par exemple. Intrigant n'est-ce pas ?

De solides réponses, mais seulement partielles…

Dès l'avènement de la physique quantique, de nombreux chercheurs ont tenté de comprendre quel était ce lien si particulier entre observateur (l'appareil de mesure) et observé (la chose mesurée). À la fin des années 1920, un début de consensus sur les aspects mathématiques et pratiques de ce lien fut mis en forme par le physicien américain John von Neumann. De son ouvrage devenu célèbre naquirent alors, dans les années 1970-1980, deux notions majeures de la physique quantique d'aujourd'hui : celle déjà évoquée de *décohérence* et celle de *mesure quantique généralisée* (POVM pour les amoureux des sigles). Toujours en cours d'étude, ces deux avancées ont permis d'éclaircir nombre d'aspects étranges de ce que peut être une vraie mesure quantique. En particulier de comprendre pourquoi un appareil de mesure se comporte de façon classique alors que les atomes et molécules qui le constituent le font de façon quantique…

Il subsiste cependant de nombreuses questions irrésolues concernant la mesure quantique, en premier lieu desquelles l'irrémédiable présence du hasard dans les résultats de mesure, c'est-à-dire la nature fondamentalement probabiliste de la théorie.

CHAPITRE 6

SCHRÖDINGER ET SON CHAT : LE CŒUR DE LA PHYSIQUE QUANTIQUE

Les notions de superposition et d'intrication d'états sont au cœur des plus récentes applications de la physique quantique : cryptographie, information et téléportation quantiques. L'expérience emblématique du chat de Schrödinger a pour sa part mis en lumière le problème de l'interprétation physique de cette théorie.

Si le chapitre précédent a souligné la forte complexité d'une mesure quantique, il n'en a pourtant pas dévoilé les aspects les plus étranges. D'autres phénomènes encore plus surprenants mettent en effet la raison des scientifiques à rude épreuve depuis plus de quatre-vingts ans… La superposition et l'intrication d'états quantiques,

> « Si tu as un bâton,
> on te donnera
> un bâton ;
> si tu n'as pas de bâton,
> on te le prendra. »
>
> Christiane Rochefort,
> *Le monde est comme deux chevaux*

par exemple, semblent abolir la notion d'espace et défier notre logique habituelle, et poussent les scientifiques dans leurs derniers retranchements, au point qu'ils ont dû agrandir le bestiaire de la physique d'une espiègle souris et d'un chat zombie !

Ces phénomènes, pour la formulation desquels Schrödinger et Einstein ont joué un grand rôle, ont ainsi amené les scientifiques à se poser des questions quasi philosophiques sur l'une des particularités les plus marquantes de cette théorie : son besoin d'une interprétation. La physique quantique n'est en effet pas autonome. Contrairement aux autres théories physiques (classiques donc, comme la mécanique ou l'électromagnétisme), son formalisme mathématique ne permet pas d'en comprendre le sens physique : elle nécessite une interprétation. Le problème – et il est de taille – est que celle-ci n'est pas unique, bien au contraire…

ÊTRE *ET* NE PAS ÊTRE…

Lorsque l'on tire une pièce à pile ou face, est-il concevable d'obtenir à la fois pile *et* face ? L'encre d'un feutre peut-elle être noire *et* blanche, sans pour autant être grise ? Une chose peut-elle être à la fois en mouvement *et* immobile ? Ici *et* là ? Tournant dans un sens *et* dans l'autre en même temps ?

Ces questions semblent à première vue absurdes ou fantastiques... Comment deux phénomènes que l'on perçoit comme contraires ou opposés pourraient-ils être en effet réalisés simultanément ? Pour des idées, on peut à la rigueur l'envisager, comme dans cette citation du philosophe Pascal : « le contraire d'une vérité profonde est une autre vérité profonde », que le physicien Niels Bohr a reprise à son compte afin d'illustrer son fameux principe de complémentarité aux effluves taoïstes (vu au chapitre 5).

Pour des idées, d'accord, mais pour des choses, des objets, des phénomènes physiques, est-ce possible ? Oui, répond la physique quantique ! Mais ceci ne doit pas nous étonner outre mesure car elle n'est pas la seule théorie à proposer cela, et nous en faisons l'expérience sans le savoir tous les jours ou presque. Par exemple, une corde de violon, lorsqu'elle est mise en vibration, ne conduit *pas* à une seule note bien précise, c'est-à-dire à un seul mode de vibration de cette corde. Il y a les harmoniques de cette note dominante (c'est-à-dire des multiples de la fréquence) et d'autres bruits parasites qui s'ajoutent. C'est en fait tout un ensemble de vibrations qui se superposent pour produire le son que l'on entend.

Ce phénomène de superposition est en fait valide pour tout type d'onde, qu'elles soient sonores ou lumineuses par exemple. On a d'ailleurs déjà vu cette superposition d'ondes au chapitre 2 dans le cas de l'expérience des fentes d'Young. Les ondes considérées étaient des ronds dans l'eau ou des ondes lumineuses, et l'on a vu que leur superposition pouvait conduire à des zones d'onde nulles ou sombres, c'est-à-dire à des endroits où l'onde totale était d'intensité nulle.

L'état quantique d'un objet étant décrit par une onde (appelée *fonction d'onde* ou *onde de probabilité*, comme nous l'avons vu au chapitre 3), il se passe exactement le même phénomène pour les ondes quantiques et, par extension, pour les états quantiques associés à ces ondes. C'est d'ailleurs à l'aide d'une superposition d'ondes de probabilité issues des deux fentes que l'on a pu comprendre d'où venait le phénomène d'interférences dans le cas de particules (atomes ou photons) envoyées une à une sur un système de fentes d'Young.

Cependant, cette onde quantique de probabilité n'est pas physique. Souvenez-vous, elle n'appartient pas à notre monde. Elle évolue dans un monde mathématique abstrait et son intensité nous renseigne sur la probabilité que l'objet décrit par cette onde soit à telle ou telle position. En dehors de l'aspect aléatoire, la physique quantique semble donc n'apporter rien de bien nouveau au phénomène de superposition…

Et pourtant, le principe de superposition en physique quantique est bel et bien révolutionnaire. Tout simplement parce qu'il s'applique à *toute* propriété physique ! L'énergie, la position, la vitesse, ou encore le mouvement de rotation… On peut ainsi créer *a priori* des superpositions d'états quantiques de n'importe quoi. Par exemple, un atome peut être mis dans un état quantique correspondant à deux, trois, ou quatre énergies différentes, et ceci de façon simultanée. Il peut même être dans un état de rotation combinant en même temps les deux sens de rotation ! Vers la gauche *et* vers la droite…

Peut-on ranger sa chambre dans un train en mouvement ? Quelle blague !

Tenter de faire comprendre cette notion de superposition d'états quantiques avec les mots du quotidien est un défi. L'ambiguïté de certaines perceptions ou certains états mentaux peut cependant être d'une aide précieuse. Par exemple, lorsqu'un père demande à son fils : « Ne pourrais-tu pas ne pas ranger ta chambre, Louis ? », Louis doit-il ou ne doit-il pas ranger sa chambre ? Ou peut-être, qui sait, existe-t-il une superposition de ces deux possibilités que cet instant de doute induit en nous par l'intermédiaire de la double négation ?

Il en est de même de l'impression étrange que l'on peut éprouver dans un train, lorsqu'il est en gare à côté d'un autre train et que l'un des deux se met en mouvement. Cet instant fugace où l'on ne sait pas quel est le train qui démarre, où le mouvement entre les deux trains semble purement relatif, où l'on ne saurait dire si c'est nous qui bougeons ou l'autre train, où l'on se sent dans un état intermédiaire, simultanément en mouvement *et* à l'arrêt. Une sorte d'état superposé de mouvement et de non-mouvement, du moins en perception, que la compréhension soudaine réduit à un seul état, telle une mesure quantique...

Des chercheurs en sciences cognitives avancent même l'idée que l'humour pourrait fonctionner sur un mode quantique. Selon eux, ce qui est drôle dans une blague, absurde par exemple, ne serait pas le moment de compréhension de cette blague mais précisément le moment où deux idées ou interprétations contradictoires s'affrontent dans notre esprit sans qu'aucune ne prenne le dessus. Ne dit-on pas en effet que devoir expliquer une blague signifie qu'elle n'est pas drôle ?

Les kōans zen fonctionnent également sur ce principe, comme le souligne si bien la citation de Christiane Rochefort au début de chapitre.

Ce phénomène de superposition quantique n'est pas restreint au lointain monde sub-microscopique des atomes et des photons. En 2010, l'équipe du professeur John Martinis de l'université de Santa Barbara (États-Unis) a réussi à mettre un objet macroscopique dans une superposition d'états quantiques de mouvement. L'objet en question – une petite barre de métal d'une longueur de 60 microns (μm), soit la taille d'un cheveu – a pu ainsi être placé dans un état combinant simultanément le repos *et* le mouvement d'oscillation. Oui, vous avez bien lu, un objet visible à la fois immobile *et* en mouvement !

Hélas, si cette balançoire quantique est bien de taille suffisante pour être visible sans microscope, il n'est pas possible de voir l'état de superposition « mouvement et non mouvement ». En effet, conformément aux principes d'une mesure quantique, le simple fait d'observer cet objet détruit son état superposé et le réduit à l'un des deux états : immobile ou en mouvement. Une mesure quantique transforme en effet les *et* en *ou*.

Le défi expérimental est d'ailleurs d'arriver à maintenir cet état de superposition quantique le plus longtemps possible en isolant au maximum l'objet en question de son environnement extérieur. En interagissant avec l'objet, cet environnement perturbateur et décohérent joue en effet un rôle similaire à celui d'une mesure et peut faire disparaître la superposition quantique en un temps très court (quelques milliardièmes de seconde, typiquement, pour la balançoire quantique de Santa Barbara).

QUBITS : CRYPTOGRAPHIE ET ORDINATEUR QUANTIQUES

Réaliser des superpositions d'états quantiques à la plus longue durée de vie possible est en fait d'une importance technologique majeure. Car c'est bien de ces étranges états superposés dont sont faits les fameux bits quantiques, appelés aussi *qubits*, sur lesquels reposent les domaines de l'information et de la cryptographie quantiques.

Techniquement parlant, un qubit est un système à deux états quantiques. Cela peut être un objet matériel (un atome ou un électron par exemple) ou immatériel (un photon). Un qubit est l'analogue quantique d'un bit informatique classique : c'est l'unité de base de l'information quantique.

En informatique classique, un bit peut prendre uniquement deux valeurs bien définies, notées 0 et 1, chacune associée à un état différent d'une grandeur physique classique, comme un voltage ou un courant électrique. Comme un qubit, un bit est donc également un système à deux états, excepté le fait qu'il ne peut exister que dans un seul des deux états possibles : soit 0 soit 1, mais pas les deux à la fois.

En physique quantique cette limitation n'est plus de mise et un qubit peut non seulement être dans un des deux états 0 ou 1, mais également dans tous les états intermédiaires : « un peu de 0 et beaucoup de 1 », « moitié de 0 et moitié de 1 », « énormément de 0 et très peu de 1 »... Ces états intermédiaires correspondent en fait à toutes les superpositions possibles d'états quantiques 0 et 1.

En quoi ces qubits sont-ils si intéressants ? Pourquoi les états du G20 et les plus grandes entreprises planétaires comme Google, IBM, Intel ou Microsoft investissent-elles des milliards d'euros pour augmenter la durée de vie des qubits et améliorer leur maniabilité et leur fiabilité ? Pour essentiellement deux applications : la cryptographie quantique et l'informatique quantique.

Quelques notions de cryptographie classique...

La cryptographie quantique est la version quantique de la cryptographie classique, qui elle-même est l'art de transmettre un message entre deux personnes, en minimisant les risques qu'une tierce personne intercepte et lise le message. Des procédés de transposition/substitution de lettres de la Mésopotamie antique et des savants arabes de Samarcande aux algorithmes d'aujourd'hui fondés sur l'utilisation de nombres premiers, en passant par les machines Enigma et Lorentz de la Seconde Guerre mondiale, de multiples techniques de cryptographie ont vu le jour à travers le monde au cours des millénaires.

De façon générale, l'échange d'un message par cryptographie consiste à le chiffrer, c'est-à-dire à le transformer en une suite inintelligible de symboles (par exemple, une suite de 0 et de 1), puis à l'envoyer au destinataire qui le retransforme alors en un message intelligible grâce à une clé. Si le message peut être public (car indéchiffrable sans la clé), la clé est généralement gardée secrète et n'est connue que de l'émetteur et du destinataire. Lorsque de multiples acteurs et messages sont en jeu, le problème se reporte alors sur l'échange sécurisé de nombreuses clés elles-mêmes chiffrées.

La technique phare de la cryptographie moderne – appelée *système RSA*, du nom de ses inventeurs Rivest, Shamir et Adleman en 1977 – consiste à échanger ces clés chiffrées de façon publique mais en les cryptant à l'aide d'un nombre très grand, résultat du produit de deux nombres premiers très grands dont un seul est connu du destinataire (un nombre premier est un nombre qui n'est divisible par aucun nombre excepté 1 et lui-même, comme 2, 3, 17, 421 ou 1 979 par exemple). Un espion, pour déchiffrer une clé et décoder ensuite le message correspondant, doit donc trouver les deux nombres premiers dont la clé est le produit. Or cette tâche est extrêmement ardue, même à l'aidc dc super ordinateurs, lorsque tous ces nombres sont très grands (excepté bien sûr pour le destinataire pour qui cette opération est très simple).

La fiabilité et la sécurité des procédés de cryptographie classique reposent en effet sur la puissance et le temps de calcul des ordinateurs qu'utiliseraient de potentiels espions. Avec des ordinateurs classiques, le danger est mineur puisque leur puissance est limitée, mais il n'en est plus de même avec des ordinateurs quantiques pour lesquels la puissance théorique est quasi infinie, mettant en danger tous les systèmes de chiffrement moderne.

En effet, dans un **ordinateur quantique**, les opérations élémentaires de calcul (les fameuses portes logiques) sont effectuées non pas à l'aide de bits classiques mais avec des qubits, des bits quantiques. Or, nous l'avons vu, ceux-ci ne sont pas obligatoirement dans l'état 0 ou dans l'état 1, mais peuvent être dans une superposition de ces deux états, c'est-à-dire être dans les deux états en même temps. Il en résulte qu'une opération informatique élémentaire sur un qubit sera réalisée simultanément – c'est-à-dire en parallèle – sur les états 0 et 1, alors qu'elle nécessiterait deux opérations différentes avec un bit classique (une sur l'état 0 et une autre sur l'état 1).

Avec deux qubits, ce sont $2^2 = 4$ opérations qui sont effectuées en parallèle sur les états 00, 01, 10 et 11. Avec trois qubits, ce sont $2^3 = 8$ opérations sur les états 000, 001, 010, 011, 100, 101, 110, et 111. Plus généralement, avec N qubits ce sont 2^N opérations qui sont réalisées simultanément. Ainsi, à nombre de (qu)bits égal, un ordinateur quantique est exponentiellement plus puissant qu'un ordinateur classique !

Pour saisir cette différence entre puissance quantique et puissance classique, on peut considérer l'analogie suivante. Imaginons que l'on veuille, sur une mappemonde, colorier en rouge les pays qui sont des démocraties. Avec une méthode classique, il faudrait alors se renseigner sur chaque pays et colorier un par un ceux qui sont des démocraties. Avec une méthode quantique, il suffirait de poser la question pour que d'un seul coup tous les pays démocratiques soient coloriés en rouge.

À titre de comparaison, on estime qu'il suffit de seulement 50 qubits pour dépasser la puissance des meilleurs superordinateurs classiques actuels. Avec 300 qubits, on entrerait même dans un domaine inconnu de puissance de calcul où le nombre d'opérations élémentaires effectuées en parallèle dépasserait le nombre d'atomes dans l'Univers...

Suprématie quantique et décohérence

Si la barre symbolique de suprématie quantique des 50 qubits a bien été franchie (en 2017) et que certains analystes prévoient le dépassement du million (!) de qubits à l'horizon 2030, de multiples limitations techniques empêchent cependant d'exploiter pleinement la phénoménale puissance des ordinateurs quantiques.

Parmi ces limitations, le phénomène de décohérence, dû aux inévitables interactions avec l'environnement, est le plus problématique car très limitant quant à la durée maximale de calcul et de stockage des données. Les difficultés de reprogrammation et le nombre restreint d'entrées-sorties de ces machines limitent aujourd'hui leur utilisation à l'exploration de données, de combinaisons ou de solutions possibles à un problème. Les applications majeures concernent la recherche rapide dans une base de données, la simulation de systèmes complexes (météorologie, bio-informatique, intelligence artificielle, physique des matériaux) et, bien sûr, la cryptographie.

Clé ultime du cassage de codes cryptographiques actuels (voir l'encadré sur la cryptographie classique), la factorisation de grands nombres en produit de nombres premiers semble être l'apanage des calculateurs quantiques, même si les performances de ceux-ci sont encore loin d'égaler celles des processeurs classiques (lesquels, après parallélisation massive, permettent aujourd'hui de factoriser des nombres de plus de 230 chiffres !).

Les calculateurs quantiques n'en finissent plus de progresser dans la factorisation de grands nombres... En quelques années seulement, les nombres factorisés de façon quantique sont ainsi passés de deux à six chiffres, et les progrès attendus dans les dix prochaines années sont tels que les états et entreprises internationales ont basculé dans une course folle à l'armement quantique pour pouvoir être les premiers à asseoir leur suprématie (quantique) sur la cryptographie !

Deux alternatives ont vu le jour pour pallier à cette révolution : la cryptographie (classique) dite *post-quantique*, qui s'appuie sur de nouveaux algorithmes de codage censés être inattaquables par les calculateurs quantiques, et la cryptographie quantique qui, elle, utilise les phénomènes quantiques pour atteindre une confidentialité inviolable par quelque méthode d'espionnage que ce soit.

Fondée sur l'échange de qubits, la **cryptographie quantique** repose en outre sur deux phénomènes quantiques qui, dans le contexte de l'informatique quantique, sont paradoxalement perçus comme des handicaps.

Le premier phénomène a trait à la mesure quantique : si un espion intercepte un message crypté et tente de le lire, les états superposés dont est composé le message quantique seront irrémédiablement détruits et transformés en d'autres états (en les états propres de la mesure associée à l'opération de lecture). Ainsi, même si cet espion renvoie immédiatement le message au destinataire après l'avoir lu, ce dernier pourra savoir que le message a été espionné en comparant avec l'émetteur une partie des qubits échangés (en pratique, on déduit qu'il y a espionnage si le taux de qubits perturbés dépasse 25 %).

Le deuxième phénomène est appelé *non-clonage quantique* : c'est l'impossibilité de réaliser une copie exacte d'une superposition d'états quantiques, empêchant par là même un espion d'intercepter un message codé, d'en faire une copie qu'il lira plus tard et de renvoyer l'original à son destinataire sans être démasqué.

En théorie, la combinaison de ces deux phénomènes confère une fiabilité et une confidentialité absolues à la cryptographie quantique. En pratique, évidemment, le problème est plus subtil, mais plusieurs entreprises et états utilisent d'ores et déjà des systèmes de cryptographie quantique pour échanger des données sensibles (votes électroniques et transactions bancaires entre autres).

DE L'INTRICATION À LA TÉLÉPORTATION…

L'intrication quantique est certainement le phénomène le plus extraordinaire et le plus troublant de la physique, voire de la science : « Des particules qui interagissent peuvent rester connectées quelle que soit la distance qui les sépare. »

Bien sûr, pour qu'une telle connexion à distance soit préservée dans le temps, il est nécessaire que les particules ne soient pas trop perturbées par d'autres interactions parasites qui pourraient alors brouiller ou effacer l'information de connexion. Lorsque cette condition est remplie, la paire de particules intriquées se comporte alors comme une seule et même entité. Toute modification sur l'une des deux particules entraîne ainsi instantanément une modification du même type sur l'autre particule, même lorsque la distance entre les deux particules est énorme.

Après intrication, les particules sont comme reliées par un fil invisible, une sorte d'interaction non physique et totalement incompréhensible dans le cadre de la physique classique. Ce lien n'est pas matériel et ne dérive pas d'une force ou d'une interaction connue, par exemple d'origine lumineuse. C'est un lien hors de l'espace et hors du temps. Un lien typiquement quantique que Schrödinger et Einstein ont, de façon indépendante, porté à la lumière de la communauté scientifique au milieu des années 1930 (c'est d'ailleurs Schrödinger qui forgea le mot *intrication* pour traduire l'enchevêtrement quantique des particules connectées de la sorte).

Osons une métaphore. Considérons les états de rotation d'une roue : dans un sens (horaire par exemple) et dans l'autre sens (antihoraire donc). Dans le monde classique, il est évident qu'une roue ne peut tourner que dans un sens ou dans l'autre, mais pas dans les deux sens à la fois. Dans le monde quantique, en revanche, nous avons vu précédemment que cette interdiction pouvait être levée et qu'un objet pouvait être disposé dans un état intermédiaire – appelé *état superposé* – entre deux états donnés. Supposons donc, pour donner corps à notre métaphore, que l'on puisse placer une roue dans un état intermédiaire où les deux sens de rotation sont réalisés simultanément. Cet état est alors un état superposé des états de rotation de sens contraires.

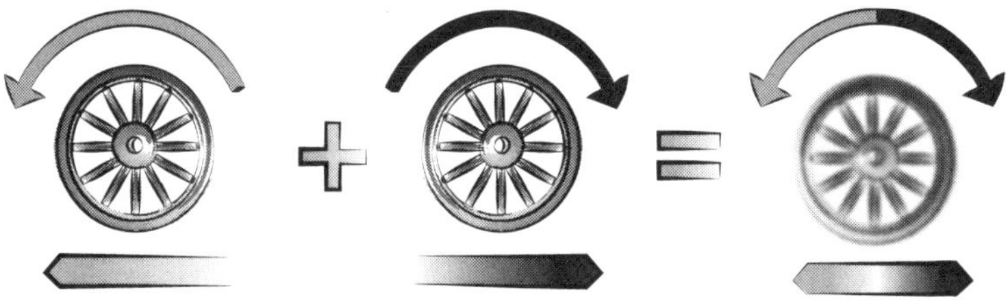

Superposition d'états à deux roues

Bien sûr, lors d'une mesure de rotation, un seul sens de rotation serait obtenu, avec une certaine probabilité, conformément aux principes d'une mesure quantique. Par exemple, si la superposition était une répartition équitable entre les deux sens de rotation, la probabilité d'obtenir chacun des sens de rotation serait identique et égale à 0,5 : soit 50 % de chance de tourner dans un sens et 50 % de chance de tourner dans l'autre sens. On pourrait alors qualifier cet état superposé comme étant de rotation globale nulle, même si cette dénomination se réfère à une visualisation trop classiquc du phénomène.

L'intrication concerne en fait non pas une, mais *deux* roues. Imaginons en effet que l'on sache préparer ces deux roues dans un état superposé de rotation globale nulle, non seulement pour chaque roue prise séparément mais également pour les deux roues considérées ensemble.

C'est-à-dire dans une superposition d'états « à deux roues » : lorsque la roue n° 1 tourne dans un sens, la roue n° 2 tourne dans l'autre sens, et inversement. Si cet état semble à première vue ardu à réaliser, il est obtenu en pratique de façon commune dans les laboratoires du monde entier (certains cristaux, par exemple, peuvent transformer un photon incident en deux photons intriqués de la sorte).

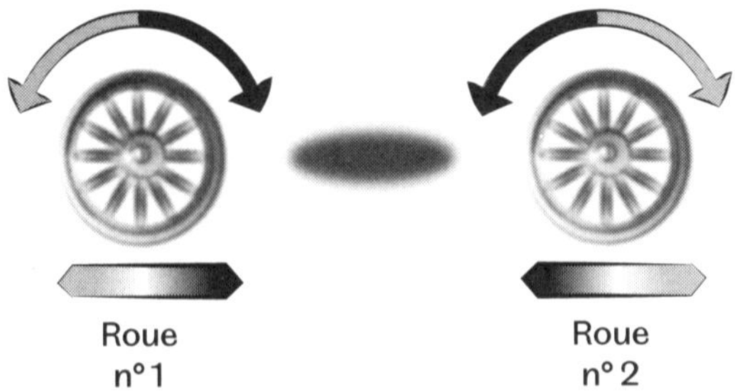

Intrication de deux roues tournantes

Les deux roues sont donc, chacune, dans un état superposé « tourne dans un sens *et* tourne dans l'autre sens », et ce n'est qu'au moment où l'on fait une mesure de rotation que chaque roue présente un état bien défini : tourne dans un sens *ou* tourne dans l'autre sens.

L'aspect le plus déroutant et mystérieux d'un tel état intriqué est alors qu'une mesure de rotation effectuée sur l'une des deux roues affecte instantanément l'autre roue ! Par exemple, si la mesure de rotation est effectuée sur la roue n° 1 et que l'on constate, suite à cette mesure, qu'elle tourne dans le sens horaire, alors la roue n° 2 sera immédiatement projetée dans l'état de rotation antihoraire, c'est-à-dire qu'elle tournera dans l'autre sens (comme une mesure ultérieure sur cette roue n° 2 pourrait d'ailleurs le confirmer).

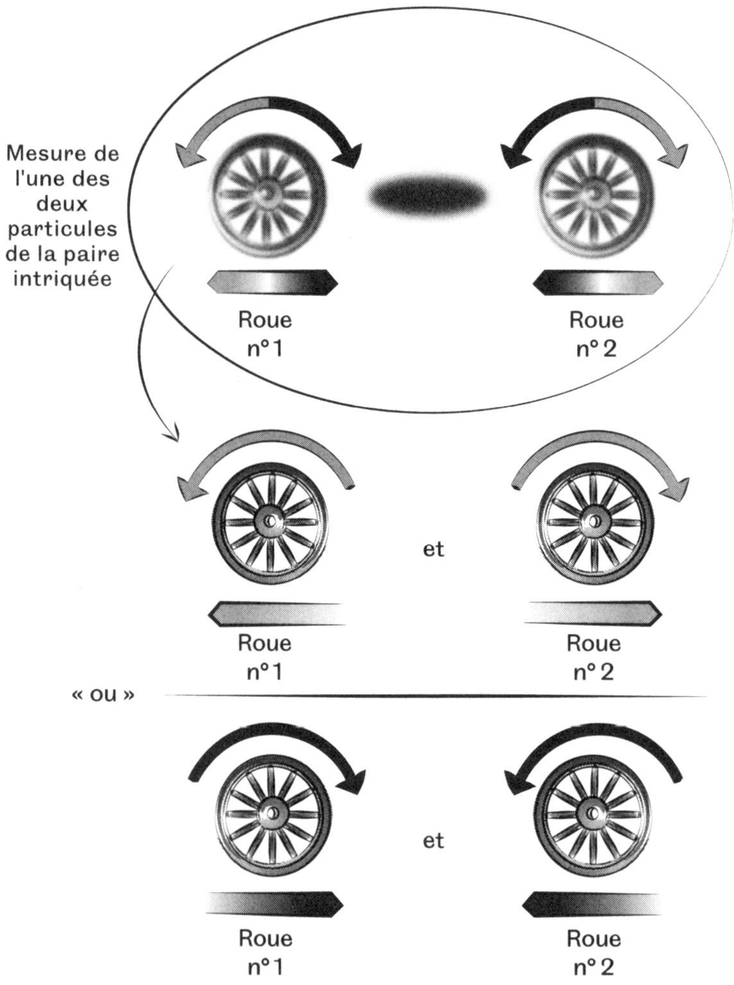

Corrélation parfaite après intrication

Ce qui est troublant ici, c'est que l'état de la roue n° 2 a été modifié alors même que l'on n'a fait aucune mesure sur cette roue... Et cet état n'a pas été modifié de façon aléatoire, mais de façon corrélée à la roue n° 1 : l'état de la roue n° 2 est en lien direct et instantané avec l'état de la roue n° 1. Si l'une des deux roues est observée tourner dans un sens, l'autre est instantanément observée tourner dans l'autre sens, et réciproquement.

Plus généralement, pour deux particules intriquées, une mesure quelconque sur l'une des particules affecte instantanément l'autre particule, et les états des deux particules après cette mesure sont parfaitement corrélés. Et ce quelle que soit la distance entre les deux particules... Par exemple, dans notre métaphore des roues quantiques intriquées, imaginons, avant d'effectuer la mesure de rotation, que l'une des roues reste sur Terre et que l'autre soit envoyée sur Mars... Eh bien même pour une telle distance entre les deux roues intriquées, les résultats demeureraient inchangés !

On dit que l'effet d'intrication est *non-local* : il fait fi des distances, et ne respecte pas le pourtant très intuitif principe de localité qui stipule qu'un objet ne peut être influencé que par son environnement proche.

Mais alors, le phénomène d'intrication peut-il être utilisé pour transmettre une information plus vite que la lumière (violant ainsi les lois de la relativité d'Einstein, l'autre grande théorie pilier de la physique moderne) ? Par exemple, en envoyant l'une des deux particules intriquées à notre ami Bobby, puis en réalisant une mesure sur la particule conservée, Bobby observant la modification soudaine de la particule partenaire qui lui a été envoyée (impliquant ainsi un transfert instantané d'information).

La réponse à cette question est non. Tout du moins dans le cadre de l'interprétation standard de la physique quantique (interprétation dite *de Copenhague*). En effet, le hasard du résultat de la mesure fait que notre ami Bobby ne peut pas, par quelque mesure que ce soit, observer un changement sur sa particule entre avant et après la première mesure que nous avons faite.

La téléportation est une réalité... quantique

On sait aujourd'hui créer des paires intriquées de toutes sortes : photons, électrons, atomes, molécules, et même de petits cristaux. Concernant l'instantanéité de la connexion entre les particules intriquées, les derniers tests montrent que si communication physique il y avait entre les particules, celle-ci devrait se faire à plus de 10 000 fois la vitesse de la lumière ! Quant au record de distance d'intrication, il était détenu en 2017 par une équipe chinoise qui a réussi à maintenir l'intrication de deux photons sur une distance de 1 200 km, entre la Terre et un satellite dédié aux expériences quantiques.

En pratique, même si les états intriqués sont de plus en plus utilisés en cryptographie et informatique quantiques, leur utilisation principale reste la fameuse téléportation quantique. Mais attention, ce phénomène n'a rien à voir avec la téléportation telle que présentée dans les films de science-fiction ! En téléportation quantique, ce n'est pas de la matière (et encore moins un être humain) ni de l'énergie qui est téléportée, mais de l'information. Cette information n'est rien d'autre que l'état quantique d'une particule, et c'est cet état qui est, lors d'une mesure, instantanément transféré à distance à une autre particule *via* leur intrication. Le procédé n'est en fait instantané qu'en apparence, puisqu'il nécessite également un canal de communication classique servant à compléter la détermination de l'état quantique transféré, empêchant ainsi tout espoir de transmission d'information à une vitesse supérieure à celle de la lumière.

On parle aussi de *fax quantique*, car le phénomène de téléportation quantique est très proche, dans l'esprit, à l'envoi d'un fax où l'information écrite sur une feuille est transférée à distance sur une autre feuille sans qu'il y ait eu transport de matière. En revanche, contrairement au cas d'un fax classique, l'impossibilité de cloner un objet en physique quantique fait que l'original du fax quantique sera irrémédiablement détruit.

La téléportation quantique est aujourd'hui une réalité. On sait la réaliser avec de multiples systèmes : photons, électrons, atomes... et même avec des gaz d'atomes, c'est-à-dire des systèmes non microscopiques ! Le record de distance de téléportation quantique – soit 1 400 km – date de 2015 et est détenu par l'équipe chinoise du professeur Jian-Wei Pan.

L'INTRICATION CHAT DÉCOIFFE !

Si Schrödinger et Einstein ont pointé en 1935 cet étrange phénomène d'intrication que le cadre mathématique de la physique quantique permettait, ce n'était cependant que pour souligner sa fausse étrangeté. Selon eux, l'intrication existait bel et bien, mais elle ne résultait pas d'une bizarrerie quantique : l'étrangeté de cette action à distance résidait non pas dans le phénomène mais seulement dans les calculs, c'est-à-dire dans la description mathématique que lui donnait la physique quantique standard.

Leur explication de la parfaite corrélation des états quantiques était simple : les états des particules corrélées étaient tout bonnement prédéterminés avant la mesure, comme l'illustre très bien la fameuse analogie des gants. Prenons en effet une paire de gants et mettons au hasard chacun des gants dans deux valises expédiées dans deux pays lointains. Bien que l'on ne sache pas quel gant se trouve dans chaque valise, il suffit d'ouvrir une valise pour savoir instantanément quel est le gant dans l'autre valise ! Et ce, quelle que soit la distance entre les deux valises. Cela n'a donc rien de mystérieux et l'acte de regarder dans une valise n'a aucun effet sur les gants.

Pour Einstein (et ses deux collègues, Podolsky et Rosen, dont les noms sont souvent oubliés au profit des initiales du trio « EPR »), la non-localité du phénomène d'intrication n'était qu'apparente. Selon eux, il devait en effet exister des quantités inconnues de la physique quantique standard – appelées alors fort logiquement *variables cachées* – pour renseigner sur les états prédéterminés des particules intriquées, comme dans l'analogie des gants.

Pendant des années, il ne fut cependant pas possible de trancher entre la version standard de la physique quantique et la version « variables cachées » d'Einstein et ses collègues. Le problème était d'ailleurs jugé davantage philosophique que physique, jusqu'à ce qu'un chercheur irlandais nommé John Bell réussisse en 1964 à imaginer un stratagème permettant de savoir si l'état des particules intriquées était déjà préétabli avant toute mesure !

De multiples expériences furent dès lors réalisées, la plus célèbre, que nous n'aborderons pas en détail ici, étant sans conteste celle du physicien français Alain Aspect en 1981, même s'il fallut en fait attendre l'année 2015 pour être certain qu'aucune faille ne pouvait en biaiser les conclusions. Et le résultat est sans appel : la non-localité de l'intrication quantique est bien réelle. Tout semble donc se passer comme si l'espace entre deux particules intriquées n'existait tout bonnement pas !

En 1935, Schrödinger décida même de mettre en scène un pauvre chat pour souligner ce qui, selon lui, relevait de l'absurde dans ce phénomène d'intrication quantique. Ironie de l'histoire, son expérience de pensée du **chat de Schrödinger** devint en fait si célèbre qu'elle est aujourd'hui devenue le symbole (conjointement avec l'équation qui porte son nom) de la réalité de l'étrangeté quantique...

Expérience (de pensée !) du chat de Schrödinger

Ce scénario, imaginé en 1935, consiste à enfermer un chat vivant dans une boîte opaque et insonorisée au sein de laquelle existe un dispositif quantique pouvant tuer le chat de façon aléatoire. Ce dispositif diabolique ne se déclenche en effet que lorsqu'un événement quantique probable se produit : la désintégration d'un atome radioactif, par exemple, qui sert alors de déclencheur à la libération d'un poison violent.

Plus le temps passe, plus la probabilité de cet événement quantique augmente, et avec elle la probabilité que le chat soit mort. Au bout d'un certain temps, appelé typiquement temps de demi-vie, cette probabilité est égale à 0,5, c'est-à-dire qu'il y a alors 50 % de chance que le chat soit vivant et 50 % de chance que le chat soit mort.

Pourquoi parle-t-on alors d'intrication ? Parce que, dans ce dispositif, la corrélation chat-atome est parfaite : soit l'atome radioactif est désintégré et le chat est mort, soit l'atome est intact et le chat est vivant. Au bout du temps de demi-vie, le système « chat + atome » est donc dans un état intriqué « chat mort – atome désintégré » et « chat vivant – atome intact », chacune de ces possibilités étant équiprobable.

Mais est-ce uniquement une façon de parler ou bien le chat est-il vraiment dans un état zombie, à moitié mort et à moitié vivant ? Aussi surprenante qu'elle soit, cette question continue de dérouter les scientifiques depuis sa formulation. Elle a en outre permis la prise de conscience d'une caractéristique fondamentale de la physique quantique : la nécessité d'en fournir une interprétation.

D'inlassables explorateurs...

Attention à ne pas imaginer Schrödinger et Einstein comme de farouches opposants à la physique quantique ! Simplement, s'ils en furent les principaux fondateurs, ils surent également douter de leurs propres affirmations et croyances, pour remettre en cause les découvertes qui avaient pourtant fait leur gloire. Pour eux, être les pères de cette théorie ne les affranchissait pas de remettre en question ses fondations et, même si l'histoire des sciences semble leur avoir donné tort, leur inlassable recherche de failles dans la physique quantique fut l'une des plus puissantes sources de créativité et d'applications en lien avec cette théorie.

Soulignons que l'expérience imaginée par Schrödinger a depuis lors été réalisée expérimentalement, non pas avec un chat, fort heureusement, mais avec des atomes et des photons. Les physiciens David Wineland et Serge Haroche ont d'ailleurs obtenu le prix Nobel 2012 pour des recherches expérimentales portant sur le phénomène de décohérence de tels chats de Schrödinger.

SYMPHONIE CHERCHE INTERPRÉTATION

Il est peu de vertiges comparables à la découverte du monde quantique : nouveau langage, nouvelle façon d'observer, de penser… La physique quantique est, par essence, une science du neuf. Elle bouscule tant notre représentation usuelle du réel, ou du moins de ce que l'on appelle *réel*, qu'il n'est pas étonnant que de multiples interprétations de ce qu'elle nous dit du monde aient émergé depuis sa mise en équations dans les années 1920.

Si elle n'est pas la seule théorie à posséder de multiples formulations (il existe par exemple plus d'une dizaine de formulations différentes, mais mathématiquement équivalentes, de la mécanique classique), la physique quantique brille d'originalité par la pluralité de ses interprétations. On peut même avancer qu'aucun de ses fondateurs ou penseurs actuels ne partage exactement la même interprétation des équations, principes et phénomènes quantiques !

Fait unique dans l'histoire des sciences, il se pourrait même que la polysémie soit intrinsèque à cette théorie, que l'on ne puisse trancher en faveur de l'une ou l'autre des dizaines d'interprétations qui ont jailli depuis cent ans, et que, finalement, l'unité de sa compréhension passe précisément par la diversité de ses interprétations... Reprenant les mots du poète français Jean-Pierre Siméon (qu'il destinait à la poésie), il semble en effet que chaque lecture de la physique quantique exerce « la conscience à inventer des modes de compréhension actifs, originaux, imprévus, donc intensément libres ».

Pour certains physiciens, par exemple, seuls comptent l'observation et les résultats de mesure. Le reste est pure spéculation philosophique et n'a pas d'emprise sur la réalité, qui est alors constituée uniquement par ce que les appareils de mesure nous indiquent sur leurs écrans ou leurs cadrans.

Plus fort encore, c'est la mesure, l'acte même de réaliser une mesure physique, qui semble créer le résultat observé. Dans le cas de l'expérience du chat de Schrödinger, par exemple, c'est l'acte d'observer le chat (en ouvrant la boîte ou avec un détecteur particulier situé dans la boîte) qui détruit la superposition d'état mort-vivant et transforme, de façon aléatoire, le chat en un animal mort ou vivant.

De même, selon cette approche, une particule n'existe pas tant qu'elle n'est pas observée, et ce n'est que lorsque l'on cherche à la voir qu'elle se matérialise...

Ainsi, dans le cadre de cette interprétation, le réel, au sens commun du terme, n'existe pas indépendamment des appareils de mesure, grâce auxquels il est en fait constamment et perpétuellement re- et co-créé.

Parmi les écoles de pensée prônant peu ou prou cette approche, celle de Copenhague (du nom de la ville danoise où des chercheurs comme Bohr et Heisenberg l'ont formulée au milieu des années 1920) est la plus connue. Une citation du phénoménologue Maurice Merleau-Ponty résume assez bien ce point de vue : « Il ne faut pas se demander si nous percevons vraiment un monde, il faut dire au contraire : le monde est cela que nous percevons. »

D'autres scientifiques majeurs, et non des moindres, s'opposèrent très tôt à cette vision subjective du monde observable. Einstein, par exemple, refusait l'idée que les choses ne puissent exister qu'à travers nos appareils de mesure et perdent leur identité en soi entre deux mesures. Comme un écho au fameux chat de son ami Schrödinger, il déclara qu'il lui était impossible d'imaginer que la Lune puisse ne pas être là si on ne la regardait pas et, surtout, qu'elle puisse en revanche exister par la simple observation d'un être conscient, une souris par exemple.

Einstein acquiesçait aux mots du poète Borges : « Pour voir une chose, il faut la comprendre ! » Pour lui, seule la théorie peut nous dire ce qui est observable, alors que pour Bohr (ainsi que pour Heisenberg, Dirac et les tenants de l'école de Copenhague), c'est l'inverse :

pour comprendre une chose, il faut la voir, la mesurer. Ce sont les observations qui disent ce qu'est la réalité, il n'y a rien derrière, pas de monde caché, idéal, platonicien… Au mieux, si ce réel existait, il serait inaccessible et resterait, selon les mots du philosophe Bernard d'Espagnat, à jamais « voilé ».

Si l'essentiel de l'argumentation d'Einstein s'est révélée en contradiction avec certains faits expérimentaux indéniables, comme la non-localité quantique telle qu'elle apparaît dans les phénomènes d'intrication et de téléportation par exemple, ses réflexions sous-jacentes ont néanmoins motivé de nombreux chercheurs à explorer des pistes alternatives à celle, dominante, « Copenhagoise ».

Problème de la mesure, décohérence et rôle de la conscience…

Il faut dire que les écueils soulevés par l'interprétation de Copenhague sont légions, en premier lieu desquels le problème dit *de la mesure quantique* : le hasard apparaissant dans le résultat final d'une mesure est en effet incompatible mathématiquement avec la règle dictant l'évolution entre deux mesures, c'est-à-dire l'équation de Schrödinger. Précisons tout de suite qu'il n'y a pas aujourd'hui de consensus quant à l'origine mathématique, physique ou philosophique de cette nature aléatoire.

Et cela, même en tenant compte du phénomène (objectif) déjà évoqué de *décohérence*, qui traduit la disparition rapide de propriétés quantiques d'un objet – comme la superposition ou l'intrication d'états – par suite des interactions internes à l'objet ou entre l'objet et son environnement extérieur. Par exemple, pour le chat de Schrödinger, la décohérence permet de comprendre pourquoi on obtiendra soit un chat mort soit un chat vivant (et pas autre chose), mais ne permet pas de savoir pourquoi, avec les mêmes conditions initiales, le chat est *parfois* trouvé mort et *parfois* trouvé vivant lorsque l'on ouvre la boîte…

On ne sait d'ailleurs pas quelle est la frontière entre l'appareil de mesure et l'objet mesuré, c'est-à-dire entre le sujet et l'objet. Certains avancent même l'idée que la conscience (humaine ou non) pourrait jouer un rôle dans le processus d'une mesure… Ce qui ne manque pas de soulever d'innombrables questions en retour : si c'est un ami qui ouvre la boîte du chat, cet ami est-il lui-aussi mis dans un état mort-vivant ? Ou encore : quel est le rôle de la conscience du chat lui-même avant l'ouverture de la boîte ?

L'une des interprétations les plus en vogue ces dernières années est l'interprétation dite *des mondes multiples*. Bien que Schrödinger en ait posé certaines bases dans les années 1930, elle est attribuée à l'Américain Hugh Everett qui l'a formulée précisément en 1957. Selon cette approche, il n'y a pas d'aléatoire dans les résultats d'une mesure quantique : chaque résultat est en fait bien obtenu, mais chacun dans un univers parallèle !

Interprétation des mondes multiples

Sans interaction, ces univers parallèles se démultiplient alors à chaque nouvelle mesure… c'est-à-dire en fait à chaque infime fraction de seconde ! C'est donc, selon cette interprétation, au prix d'une explosion infinie de mondes parallèles que l'on élimine le problème de l'aléatoire en physique quantique.

Aussi étrange que cela puisse paraître, cette approche digne de films de science-fiction ne cesse d'accroître son cercle de convaincus au sein de la communauté scientifique, essentiellement grâce à sa simplicité de résolution du problème de la mesure, même si la perte d'identité (qui suis-je parmi l'infini des mondes ?) n'est pas sans poser quelques problèmes ontologiques... et psychologiques !

Des gouttes bohmiennes à la météo quantique...

D'autres interprétations s'appuient sur la notion de *variables cachées* comme celle introduite par Einstein, mais non-locales cette fois-ci, c'est-à-dire ayant une influence sur un grand espace (voire tout l'espace) et pas seulement à proximité de la particule observée. La plus emblématique de ces interprétations est celle dite de *de Broglie-Bohm*, où certaines notions classiques, comme celle de trajectoire suivie par une particule, reprennent une partie de leur sens commun.

Le regain d'intérêt pour cette interprétation est d'autant plus fort ces dernières années que des trajectoires similaires à celles prévues par cette approche ont été obtenues pour des systèmes macroscopiques qui n'ont *a priori* rien à voir avec la physique quantique : par exemple les mini gouttelettes d'eau des professeurs Yves Couder et Emmanuel Fort qui rebondissent sur la surface d'un liquide en vibration.

Savoir comment surgit le hasard dans une mesure a également motivé d'autres interprétations majeures : l'interprétation GRW, fondée sur une légère modification de l'équation de Schrödinger par les physiciens Ghirardi, Rimini et Weber ; l'interprétation transactionnelle, dans laquelle une mesure est décrite comme un phénomène atemporel de rencontre entre deux ondes, celle de l'objet mesuré qui avance dans le temps et celle associée à l'appareil de mesure qui *recule* dans le temps ; l'interprétation QBism (ou bayésianisme quantique), selon laquelle les probabilités apparaissant lors d'une mesure sont de nature subjective, le concept de fonction d'onde étant purement abstrait et perçu comme une information personnelle que l'on mettrait à jour à chaque nouvelle mesure (comme lorsque l'on regarde le ciel pour affiner l'information météo donnée à la radio)...

CHAPITRE 7

SPIN, PERTE D'IDENTITÉ ET MATIÈRE-LUMIÈRE

D'après la physique quantique, la structure de la matière et de la lumière peut se comprendre à l'aide des notions de spin et d'indiscernabilité des particules (bosons et fermions). Fruit du mariage quantique avec la théorie de la relativité, l'électrodynamique quantique a vu ses prédictions extrêmement bien vérifiées, en particulier celles concernant les effets liés aux fluctuations de l'énergie du vide.

Parmi les multiples notions classiques remises en cause par la physique quantique, celle d'*identité* est peut-être la plus troublante. Et même si cet effet quantique ne s'applique *a priori* pas à des êtres aussi massifs et complexes que les humains, il n'en reste pas moins que cette perte d'identité bouleverse totalement notre conception de ce qui définit une chose dans notre monde

« Il faut beaucoup de chaos en soi pour accoucher d'une étoile qui danse. »
Friedrich Nietzsche,
Ainsi parlait Zarathoustra

physique : son existence en soi.

En physique quantique, en effet, l'individualité n'est plus la règle. Par exemple, comme on l'a vu aux chapitres précédents, deux particules intriquées ne forment qu'un seul et même système physique, et ce quelle que soit la distance entre les particules. De même, la téléportation et l'effet tunnel font littéralement sauter une particule d'un endroit à l'autre, sans que celle-ci ne passe par l'une quelconque des positions intermédiaires. Comme une sorte de dématérialisation puis re-matérialisation instantanée en deux endroits séparés de l'espace…

Les notions de *superposition* d'états et de *saut quantique* sont de la même veine. L'identité quantique ne ressemble donc en rien à celle, usuelle, de la physiquc classique, et peut même changer par paliers aussi soudains qu'imprévisibles. Si cette incertitude de nature est partiellement levée avec l'introduction du spin, ce n'est que pour renforcer la perte d'individualité généralisée qui régit les particules élémentaires et qui permet de comprendre la structure de la matière et de la lumière.

À l'aune de cette indiscernabilité créatrice, diverses extensions de la physique quantique ont pu voir le jour. Parmi ces théories, appelées théories quantiques des champs, l'électrodynamique quantique en est sans conteste l'archétype et le joyau, offrant à nos avides esprits d'innombrables questionnements métaphysiques, en particulier concernant notre rapport au néant créateur.

LE SPIN : *EPPUR NON SI MUOVE* !

Si, comme on l'a vu, l'identité quantique d'un objet se résume à son **état quantique**, c'est-à-dire finalement à une information, supposée complète selon l'interprétation standard de la physique quantique, à quoi correspond-elle en pratique ?

Cette identité quantique est en fait constituée de deux listes : une liste de propriétés physiques – masse, charge électrique, spin (quantité dont on va reparler ci-dessous)... –, et une liste de nombres, appelés *nombres quantiques*. Ces nombres caractérisent diverses propriétés physiques, comme par exemple l'énergie ou le moment cinétique (lié à la vitesse de rotation d'une chose par rapport à un axe central, comme pour une toupie), qui peuvent selon certaines conditions être quantifiées, c'est-à-dire ne prendre que certaines valeurs bien précises, les autres étant interdites. C'est ce qui arrive par exemple pour les particules constituant la matière ordinaire autour de nous.

Parmi ces attributs quantiques, l'un est primordial quant aux propriétés d'individuation possibles d'une particule : le spin. Malgré son nom, le spin n'a rien à voir avec une quelconque rotation d'une particule sur elle-même. C'est un attribut typiquement quantique, sans équivalent classique, dont l'origine vient de la fusion entre la physique quantique et la relativité d'Einstein, et dont la représentation ne peut être que mathématique, géométrique ou, à défaut, métaphorique.

Pauli et le spin, entre errements et génie

Comme pour bien d'autres découvertes en physique, celle du spin est faite d'allers-retours entre théorie(s) et expériences. Comme une sorte de danse énigmatique où le rythme se ferait de plus en plus tangible et reconnaissable. De cette chorégraphie quantique, même s'il n'en fut pas toujours l'étoile, Wolfgang Pauli fut incontestablement le maître. C'est lui par exemple qui, en 1924, introduisit *ad hoc* un nouveau nombre quantique (dont la signification était inconnue) pour tenter de décrire les fréquences lumineuses émises par certains métaux. Ce nombre ne pouvait prendre que deux valeurs et devait donc vraisemblablement rendre compte de la quantification d'une grandeur physique particulière.

Mais laquelle ? Rien dans les tiroirs de l'histoire des sciences ne correspondait à cette étrange propriété. C'est un jeune assistant allemand de vingt ans, Ralph Kronig, qui proposa le premier de relier cet étrange nouveau nombre quantique à une propriété de rotation sur elles-mêmes des particules (d'où le futur nom de *spin*). Si Pauli s'en moqua et dissuada Kronig de publier ce résultat au début de l'année 1925, il n'en fut plus de même à la fin de l'année lorsque la même idée fut avancée par deux autres jeunes physiciens, George Uhlenbeck et Samuel Goudsmit, de l'université hollandaise de Leiden.

Bien que cette explication soit fausse (le spin n'est en aucun cas lié à une rotation sur elle-même d'une particule), elle guida Pauli dans ses recherches. Il comprit ainsi en 1927 que le spin traduisait en fait l'existence d'un nouveau type de grandeur, effectivement liée à des propriétés de rotation, mais n'ayant aucun équivalent classique et ne pouvant pas être visualisée dans notre monde...

Confirmée rétrospectivement par l'expérience de Stern et Gerlach de 1922, l'avancée de Pauli fut révolutionnaire à maints égards et libéra définitivement les esprits scientifiques des images et notions classiques qu'ils se résignaient à manipuler.

Le spin est la clé pour comprendre la notion d'individualité dans le monde quantique. De façon étonnante – d'autant plus après tout ce que l'on a dit aux chapitres précédents sur la dualité onde-corpuscule et le flou quantique de certains aspects –, le monde quantique est ségrégationniste par essence.

Selon la valeur de son spin, une particule se comporte en effet de façon totalement différente en société, c'est-à-dire avec ses congénères. Si son spin est un nombre demi-entier (comme 1/2 ou 3/2 par exemple), une particule fait ainsi partie du groupe dit des *fermions*. Si le spin est au contraire un nombre entier (0, 1, 2...), la particule est un *boson*.

Puisque les seuls spins observés jusqu'à présent sont soit entiers soit demi-entiers, le monde quantique des particules se divise donc en deux populations : celle des fermions et celle des bosons. Comme exemples de fermions, on peut citer les électrons, les protons, les neutrons, les neutrinos, les quarks, l'hélium-3... et, d'une façon générale, la plupart des particules composant la matière. Les bosons, quant à eux, sont plutôt des particules servant à véhiculer les interactions entre particules de matière : photons, gluons, gravitons, phonons...

Attention, le spin n'est pas qu'un nombre abstrait pour classer des particules ! C'est en fait l'une des pièces essentielles de notre compréhension actuelle du magnétisme et de la structure de la matière. Il a des effets physiques très importants, et pas seulement dans les laboratoires. Sa présence est partout autour de nous. Pour expliquer la stabilité et la solidité de la matière, par exemple, ou les phénomènes de supraconductivité et de superfluidité. C'est lui également qui est au cœur de l'imagerie médicale par résonance magnétique et nucléaire, ainsi que dans le fonctionnement des magnétorésistances géantes qui gèrent la lecture des disques durs et des mémoires vives magnétiques (et qui valurent le prix Nobel de physique 2007 à l'Allemand Peter Grünberg et au Français Albert Fert).

LES FANTASTIQUES EFFETS D'UNE PERTE D'IDENTITÉ...

La notion d'identité quantique (avec laquelle nous avons ouvert ce chapitre) est intimement liée à la notion d'*indiscernabilité* : deux particules sont dites indiscernables si rien ne permet de les distinguer physiquement. Dans le monde quantique microscopique, cela revient simplement à dire qu'elles ont les mêmes propriétés physiques. En effet, on ne peut pas les étiqueter (comment ? avec une interaction ? mais alors, on changerait l'une de leurs propriétés physiques !), ni les repérer en suivant leur trajectoire (puisque celle-ci, apparemment, n'existe pas !).

Pas de trajectoire, pas d'existence en soi ?

Ainsi, les électrons sont des fermions indiscernables et les photons des bosons indiscernables. Disposons par exemple deux électrons dans un piège (électromagnétique par exemple), et tentons de les suivre. Le problème qui se pose est alors le suivant : obtenir une information de position concernant ces deux électrons nécessite une mesure de position, ce qui, comme on l'a déjà vu, implique automatiquement une perturbation aléatoire de leur vitesse, conformément au principe d'indétermination de Heisenberg. Quelques fractions de seconde après cette mesure, les électrons ne sont donc plus du tout localisés à l'endroit où ils étaient au moment précis de la mesure de position, empêchant toute tentative de les repérer dans l'espace au cours du temps. Mais le problème est encore plus subtil car l'interprétation standard de la physique quantique nous indique qu'entre deux mesures de position successives, cette information de position n'est pas seulement aléatoire… elle n'existe tout simplement pas !

Et même en imaginant – par l'intermédiaire d'une autre interprétation comme celle de de Broglie-Bohm par exemple – pouvoir définir des trajectoires, l'impossibilité même de marquer les particules nous contraint à abandonner l'idée d'identité en soi d'une particule. Comme ils ont les mêmes attributs, le fait d'interchanger les deux électrons dans le piège ne modifie en rien les caractéristiques de l'expérience et tous les résultats de mesures que l'on pourrait effectuer. Et il en serait de même si ces deux électrons étaient remplacés par deux électrons quelconques issus de l'autre bout de l'Univers !

Pour la science d'aujourd'hui, être un électron, c'est être un peu tous les électrons de l'Univers à la fois. De même pour chaque photon vis-à-vis de tous les grains de lumière de l'Univers… L'identité d'une particule microscopique est indissociable de celle des autres particules du même type. « Comprendre l'un, c'est découvrir l'autre », dit le poète corse Jean-Paul Sermonte.

Mais, à l'instar de la notion de *spin*, l'indiscernabilité n'est pas qu'une réflexion ou un principe philosophique. Le fait, par exemple, que tous les électrons de l'Univers soient supposés identiques et interchangeables a en effet des conséquences physiques mesurables. C'est même l'un des piliers de notre compréhension actuelle de la structure de la matière, de sa solidité, de ses propriétés de conduction de la chaleur et de l'électricité, et de sa capacité à créer des ponts (qu'on appelle *liaisons chimiques*) avec d'autres morceaux de matière, que celle-ci soit inerte ou vivante.

En effet, le principe d'indiscernabilité stipule que si rien ne permet d'identifier deux particules, alors l'état quantique de l'ensemble doit être le même si l'on échange le rôle des particules dans son expression mathématique. Bien sûr, chaque particule est elle-même dans un état quantique, qu'on peut noter « a » et « b » pour faire simple. On a donc en tout quatre possibilités :

1a 2a ou **1a 2b** ou **1b 2a** ou **1b 2b**

où le chiffre désigne la particule et la lettre son état.

Par exemple, « 1a 2a » désigne l'état total où chacune des deux particules est dans l'état « a », alors que l'état total « 1a 2b » est l'état dans lequel la particule 1 est dans l'état « a » et la particule 2 dans l'état « b ».

Mais ce dernier cas (« 1a 2b ») implique que l'on puisse repérer et distinguer la particule 1 de la particule 2, ce que le principe d'indiscernabilité nous interdit si les particules sont précisément indiscernables (des électrons par exemple) ! On peut alors montrer que, dans ce cas, seuls les états superposés suivants respectent ce principe :

« **1a 2b + 1b 2a** » ou « **1a 2b – 1b 2a** »

L'état avec le signe « + » est appelé *état symétrique*, et l'état avec le signe « – » *état antisymétrique*. On remarque alors tout de suite que l'état antisymétrique est égal à zéro si les états quantiques individuels sont les mêmes (en effet lorsque b est identique à a, on obtient 1a 2a – 1a 2a = 0 : l'état nul, c'est-à-dire impossible à réaliser). Autrement dit, dans un état antisymétrique, deux particules indiscernables ne peuvent pas exister simultanément dans le même état quantique individuel. C'est le fameux **principe d'exclusion de Pauli**, dont vous venez quasiment de faire vous-même la démonstration en lisant ces quelques lignes...

En pratique, les observations montrent que les particules connues n'existent que dans une seule des deux classes d'états suivantes : soit dans des états symétriques, soit dans des états antisymétriques (même si des travaux récents poussent à reconsidérer cette classification, à grands coups d'anyons et de plektons). Les particules obéissant à la symétrie sont alors nommées *bosons*, tandis que celles obéissant à l'antisymétrie sont nommées *fermions*. Si vous n'êtes pas tombés de votre transat depuis le début de ce chapitre, vous avez donc fait, comme Pauli en 1940, le lien entre valeur du spin et propriété de symétrie/antisymétrie !

Exprimé de façon plus simple, le principe de Pauli stipule qu'en société, les fermions n'aiment pas se marcher sur les pieds et préfèrent exister de façon indépendante, chacun dans un état quantique distinct. On parle alors de *répulsion fermionique*, même si cela n'a rien à voir avec un quelconque concept de force répulsive.

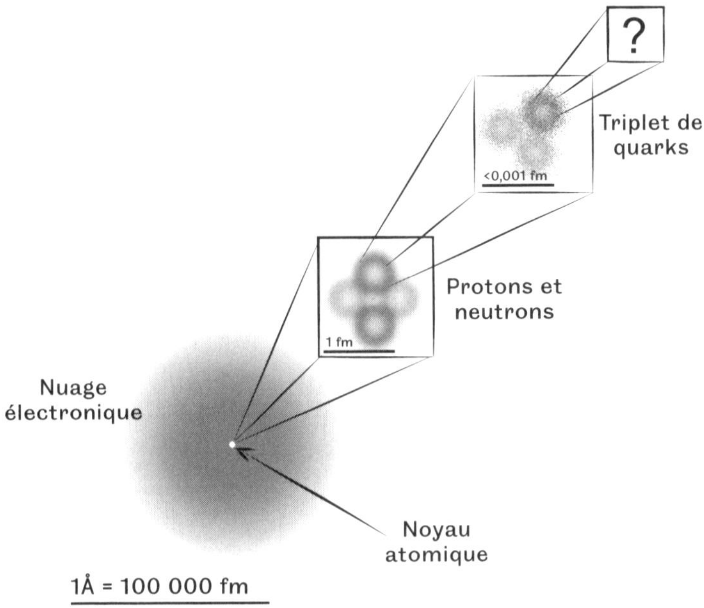

Sous-structures connues d'un atome d'hélium.
Un Å (Angström) est égal à 0,1 nanomètre,
soit un dixième de milliardième de mètre.

C'est cette répulsion fermionique qui explique pourquoi la matière occupe un si grand volume alors qu'elle est essentiellement constituée de vide. C'est elle aussi qui empêche la matière de s'effondrer sous l'effet des forces gravitationnelles, en particulier dans les systèmes extrêmement denses comme les étoiles à neutrons. Enfin, c'est elle qui explique la structure de la matière et permet de comprendre pourquoi les différents atomes connus s'organisent de cette façon dans le tableau périodique des éléments.

La structure de la matière (vue d'aujourd'hui)

D'abord, et comme on l'a déjà vu à plusieurs reprises, il est important d'insister lourdement sur la non-pertinence d'un modèle planétaire pour décrire ce qu'est un atome… Non, un atome n'est pas un noyau central dur et rond autour duquel orbiteraient des petites billes-électrons ! Un noyau atomique est certes très petit et très dense, mais il n'est pas rond et n'a pas de bord bien délimité comme une bille. Quant aux électrons, parler de trajectoire les concernant n'a tout simplement pas de sens !

Ce que nous confirment les dernières expériences et observations, au contraire, c'est que les électrons sont répartis autour de la zone du noyau dans des sortes de nuages de très faible densité et aux formes biscornues. Nuages que la physique quantique interprète comme des nuages de probabilité de présence, dont les formes coïncident avec celles prévues par la théorie.

Dans un modèle simplifié où l'on néglige les interactions entre électrons, la résolution de l'équation de Schrödinger montre que les énergies des différents électrons sont quantifiées (on les appelle alors des *niveaux d'énergie*) et dépendent des différents nombres quantiques évoqués plus haut. Seul un nombre quantique n'est pas concerné : celui associé à la projection du vecteur spin selon une direction de l'espace, typiquement verticale, même si ce choix est purement arbitraire.

Pour un électron (de spin ½ donc), il y a deux valeurs différentes pour ce nombre quantique : +½ (spin en haut) ou −½ (spin en bas). Conformément au principe de Pauli, seuls deux électrons peuvent donc occuper un niveau d'énergie dans un atome : un avec le spin en haut, l'autre avec le spin en bas (sinon, certains auraient les mêmes nombres quantiques et seraient donc dans le même état quantique). Comme à chaque niveau d'énergie correspond un nuage de probabilité de présence, et que ces nuages sont d'autant plus éloignés du noyau que l'énergie est grande, on comprend ainsi pourquoi la taille des atomes est contrôlée par la constante de la physique quantique, h, la constante de Planck, et pourquoi les atomes avec beaucoup d'électrons sont bien plus gros que ceux avec peu d'électrons.

On observe aussi que certains niveaux d'énergie sont proches et peuvent être regroupés par paquets qu'on appelle alors *couches électroniques*. On parle ainsi de *modèle en couches* des atomes. Ce modèle permet de comprendre avec une grande précision la forme et la structure de la célèbre table de Mendeleïev qui regroupe tous les atomes connus.

Il n'y a en revanche aucune interdiction, pour des états symétriques, d'avoir plusieurs particules indiscernables dans le même état quantique individuel. Au contraire, les *bosons* ont une tendance grégaire et aiment à se rassembler dans le même état quantique, par une sorte d'attraction qu'on pourrait qualifier de bosonique, même si, encore une fois, ce genre d'attraction n'est en rien issu d'une force attractive au sens classique du terme.

Ainsi, en abaissant simultanément l'énergie d'un groupe de bosons, c'est-à-dire en les refroidissant, on peut les faire se condenser dans le même état quantique de plus basse énergie. On obtient alors un condensat de Bose-Einstein, sorte de super-particule équivalente au groupe entier de particules. L'application la plus courante de cet effet de condensation est liée au phénomène de supraconduction dans lequel un courant circule sans aucune résistance, donc sans aucune perte en ligne, dans un circuit électrique ultra-refroidi.

LA CLÉ DES CHAMPS : LE MARIAGE ENTRE LUMIÈRE ET MATIÈRE

Le spin est également fondamental pour comprendre la structure profonde de la lumière, avec le laser comme figure de proue des avancées technologiques associées. En effet, bien que l'on ait déjà évoqué à plusieurs reprises les propriétés quantiques de la lumière dans ce livre, celles-ci ne peuvent pas en fait être décrites de façon précise dans le cadre simplifié de la physique quantique standard. La lumière présente bien trop de pathologies : les photons n'ont pas de masse, ils se déplacent en outre à la vitesse maximale (la vitesse de la lumière), et ce quelles que soient les conditions d'observation, et enfin ils peuvent disparaître ou apparaître à volonté lors de leurs interactions avec des atomes ou des électrons...

Il a donc fallu construire une théorie qui prenne en compte ces caractéristiques très particulières. Une théorie qui relie et unifie la matière et la lumière à travers les trois théories connues concernant ces deux entités : la physique quantique, la relativité d'Einstein et l'électromagnétisme. Le résultat est connu sous le nom d'*électrodynamique quantique* (*QED* pour le sigle, anglais, pas latin...). Ses fondements ont été posés conjointement par tout un groupe de physiciens aussi iconoclastes que géniaux, dont les noms ont largement ensemencé le lexique de la physique théorique, entre autres les Anglais Paul Dirac et Freeman Dyson, et le trublion américain Richard Feynman.

Couleur de l'or et messages extraterrestres...

La prise en compte de la théorie de la relativité d'Einstein dans l'expression mathématique de la physique quantique a de profondes et multiples conséquences. Les effets de cette union sont en fait même visibles dans notre quotidien. La couleur et l'éclat de l'or et des métaux, par exemple, est due à des effets quantiques relativistes au sein des atomes. D'une façon générale, toute la lumière émise par les corps nous environnant, des plus simples brins d'herbe aux étoiles les plus lointaines, dépend d'effets relativistes liés à l'existence du spin. Ou plutôt des spins ! Celui des électrons, mais aussi ceux des protons, des neutrons...

C'est d'ailleurs l'une des fréquences lumineuses issue de l'interaction entre les spins du noyau et de l'électron d'un atome d'hydrogène qui sert de sonde à l'astronomie et à la cosmologie moderne. L'onde lumineuse associée est appelée *raie à 21 cm*, en référence à sa longueur d'onde. Elle est produite lorsqu'un atome d'hydrogène excité retourne à son état fondamental. On parle alors de *transition hyperfine*. Comme l'hydrogène est présent partout dans l'Univers (c'est l'atome le plus simple et donc le premier à avoir été créé après le Big Bang), cette raie à 21 cm est émise un peu partout et sa détection permet de comprendre quelles sont les zones de l'espace de plus grande densité (c'est d'ailleurs en partie comme cela que les astronomes ont pu identifier la forme spirale des bras de notre galaxie). Son omniprésence dans l'Univers a également poussé les scientifiques à l'utiliser pour tenter de communiquer avec d'éventuelles intelligences extraterrestres.

Une plaque, appelée *plaque Pioneer*, a ainsi été apposée sur différentes sondes spatiales Pioneer et Voyager dans les années 1970. Sur cette plaque apparaissent de nombreuses informations, toutes représentées à l'échelle de cette longueur de référence de 21 cm, supposée être intelligible par des êtres technologiquement développés. Y figure aussi une sorte de carte galactique pour pouvoir accéder à la Terre. La pertinence de cette dernière information fut néanmoins rapidement remise en cause grâce à une simple question : si nous, humains, recevions une telle carte au trésor, que ferions-nous ? Devant l'étonnante aptitude humaine à détruire sa propre planète et ses habitudes bien trop belliqueuses, il fut alors décidé qu'il serait beaucoup plus sage d'envoyer, comme message de bienvenue, uniquement un florilège de musiques et de sons terrestres.

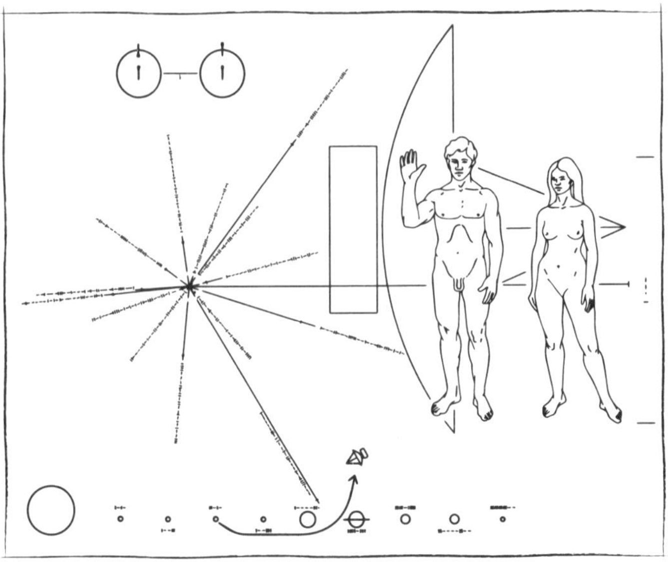

Plaque Pioneer

La QED est un mariage matière-lumière particulièrement réussi. Il se trouve en effet que c'est une théorie dont on peut calculer les effets avec une extrême précision (du fait de la petitesse de sa constante, appelée *constante de structure fine*, dont la valeur est environ égale à 1/137). Elle est toutefois hautement complexe, faisant appel à des outils mathématiques subtils, comme la fameuse technique dite de *renormalisation* où l'on soustrait des quantités infinies pour obtenir des nombres finis correspondant aux grandeurs physiques mesurables... Mais c'est aussi une belle théorie, un joyau mathématique, dont la logique interne est lumineuse et dont les ramifications et conséquences donnent un profond sentiment d'avoir ouvert une porte vers ce réel qui semble pourtant se dérober.

Cette élégante théorie est-elle pour autant vérifiée expérimentalement ? La réponse est oui ! Et de façon ahurissante. Pour avoir une idée de son époustouflante précision, imaginons que nous voulions jouer aux fléchettes sur une cible disposée à New York alors que nous nous situons à Paris (oui, cela demande un peu d'entraînement...). Eh bien, si nous étions aussi précis que la QED, nous ne raterions le centre de la cible, qui ne fait pourtant qu'un centimètre de diamètre, qu'une seule fois sur un million de lancers !

Une précision qui n'est d'ailleurs pas sans poser problème, car toute nouvelle théorie plus générale que la QED devra l'englober et reproduire ces sidérantes prédictions. Pourquoi, me direz-vous, avons-nous besoin d'une théorie plus générale ? Tout simplement parce que la QED ne prend en compte qu'une infime partie de la matière et de l'énergie connues actuellement. Elle se résume en effet essentiellement à l'étude du couplage entre électrons et photons, et ne peut donc traiter, au mieux, que leurs effets sur un ou quelques atomes. Bien loin des milliards de milliards de milliards d'atomes qui composent notre environnement proche...

Même si sa portée est limitée, la QED n'en reste pas moins un archétype pour toute théorie combinant physique quantique et relativité. C'est un exemple de ce que l'on appelle une *théorie quantique des champs* (TQC), véritable paradigme de la physique moderne qui unifie les notions d'onde et de particule dans un formalisme clair et précis, bien que très complexe d'un point de vue mathématique.

Pour la QED, le champ associé est le champ électromagnétique, mais il existe d'autres champs et d'autres TQC pour traiter des interactions qui ne sont pas de nature électromagnétique. Par exemple, celles traitant des interactions, dites *fortes* et *faibles*, au sein des noyaux atomiques (protons et neutrons) et de leurs sous-constituants que sont les quarks et les gluons. Le problème est plus subtil concernant l'interaction gravitationnelle, bien qu'il soit tout de même possible de construire une TQC.

Dans une TQC, les particules ne sont plus vues comme existant à part entière et à tout jamais, mais plutôt comme des excitations ponctuelles et transitoires d'un milieu sous-jacent appelé *champ* dont la définition est davantage géométrique que physique. Pour aider à visualiser ces excitations-particules, on peut les imaginer par exemple comme des vagues à la surface de l'eau ou des ondulations à la surface d'un champ de blé, ou bien encore comme les idées qui surgissent et disparaissent dans notre esprit... Si certaines sont presque tangibles et ont une longue durée de vie, d'autres n'existent qu'une infime fraction de seconde et sont alors qualifiées de *virtuelles*, puisqu'elles ne laissent pas de trace durable. Selon la science moderne, et aussi déroutant que cela puisse paraître, matière et lumière semblent donc n'être que vibrations éphémères dans un monde mathématique abstrait...

Plus fort encore : ces particules ne seraient que l'expression fugace de fluctuations du vide quantique prévu par ces théories. Des sortes de vaguelettes à la surface d'une mer d'énergie pure, dont l'écume ne serait rien d'autre que la matière dont nous sommes faits. Une existence en perpétuelle mouvance, destruction et recréation. Une valse à trois temps – *genesis*, *ousia* et *phtora* selon les mots du physicien Carlo Rovelli – où lumière et matière échangeraient les rôles comme on échange des pas de danse... Ainsi, à l'instar des incandescents tableaux de la peintre coréenne Bang Hai Ja, la matière semble donc bel et bien n'être qu'une forme de lumière condensée dont la trace dans l'espace-temps se dessine en pointillés.

De quel vide parlons-nous ?

Le vide dont parle la physique quantique est très différent de la notion usuelle de vide. C'est un vide où il n'y a non seulement aucune matière, mais également aucune lumière ! Pour l'obtenir, il faut donc également refroidir les parois de l'enceinte où règne ce vide, de façon à s'affranchir du fameux rayonnement de corps noir qu'elles génèrent naturellement à température non-nulle (voir chapitre 2). Les températures requises sont extrêmes et frôlent le zéro absolu (–273 °C).

Attention, ce vide quantique ne doit pas être confondu avec le vide apparent qui existe au sein de la matière. Lorsque l'on dit par exemple qu'un atome est essentiellement constitué de vide, on veut en fait dire que sa masse est presque tout entière contenue dans une toute petite zone de l'espace, le noyau, et que le reste du volume de l'atome, occupé par les électrons, est extrêmement peu dense. Si l'on pouvait grossir la taille d'un atome mille milliards de fois, de façon à ce qu'il occupe le volume d'une grosse cathédrale par exemple, alors le volume occupé par le noyau serait équivalent à celui d'un grain de riz ! Et le nuage électronique environnant contenu dans cet énorme volume ne pèserait pourtant qu'un microgramme alors que l'air qui y serait contenu pèserait, lui, plusieurs centaines de tonnes…

Si elle est donc bien légitime, ce n'est donc qu'une impression de vide que nous laisse ce nuage électronique si ténu. Un peu comme l'air autour de nous, dont nous ne prenons généralement conscience que lorsqu'il nous manque, en altitude par exemple, ou lorsque l'on voit rougir les boucliers thermiques des fusées en entrée dans l'atmosphère. Ces graciles nuages électroniques à la densité à peine perceptible interagissent pourtant très fortement entre eux – principe de Pauli oblige –, au point qu'ils ne peuvent se recouvrir que très partiellement, donnant à la matière son volume et sa solidité, et expliquant par là même pourquoi votre main ne traverse pas cette page !

Le **vide quantique** est fascinant. Techniquement, il est défini comme l'état quantique de plus basse énergie, c'est-à-dire lorsqu'aucune excitation du champ ne s'est manifestée. Mais il se trouve que cette énergie minimale n'est pas nulle. Elle en est même très loin puisqu'elle est quasi infinie ! En effet, bien que le vide quantique ne contienne *rien*, toutes les potentialités y sont contenues. C'est un vide rempli de particules virtuelles de toutes sortes, qui peuvent, le temps d'un instant, emprunter un peu d'énergie à ce vide pour se matérialiser et exister de façon éphémère, avant de disparaître aussitôt en remboursant l'énergie empruntée (conformément à la relation d'indétermination de Heisenberg portant sur le couple énergie-durée).

Les dernières estimations théoriques de cette **énergie du vide** donnent le vertige. Par exemple, chaque millimètre cube de ce vide quantique contient bien plus que l'énergie produite par notre Soleil durant toute son existence ! Bien plus, en fait, que l'énergie produite par toutes les étoiles de tout l'Univers depuis sa création… !

Jouons à un jeu. Mettez votre main devant vos yeux et rapprochez doucement votre pouce et votre index jusqu'à ce qu'ils se frôlent sans se toucher. Dans cet infime espace à peine perceptible situé entre vos doigts dort une énergie phénoménale (10^{99} Joules), équivalente – tenez-vous bien – à celle consommée dans le monde entier en une année (10^{20} Joules)… multipliée par le nombre d'atomes de l'Univers (10^{79} atomes) !

Mais cette incommensurable manne d'énergie semble hélas vouée à rester endormie et inaccessible à jamais, même s'il n'y a pas de consensus à ce sujet et que certains Sisyphes modernes tentent régulièrement de chercher à capter cette énergie qu'ils souhaiteraient libre... En revanche, on sait depuis longtemps que cette énergie ou, plutôt, que ses fluctuations ont des effets physiques mesurables. Ainsi en est-il de l'effet Casimir, du nom du physicien néerlandais qui l'a prédit en 1948, dans lequel deux plaques métalliques suffisamment proches l'une de l'autre exercent une force mutuelle l'une sur l'autre.

ÉPILOGUE

VERTIGES ET PROMESSES DE LA VIE QUANTIQUE

Malgré l'extrême précision et le pouvoir prédictif de la physique quantique, il existe de nombreuses limitations et problèmes ouverts. Tandis que la recherche d'unification avec l'autre grande théorie, la relativité générale, reste très active, l'avènement de la biologie quantique ouvre de fascinantes perspectives...

La physique quantique a littéralement réinventé le monde. Elle a fait voler en éclats toutes nos certitudes. Concernant la notion d'observation et de mesure, concernant la nature propre d'une chose, sa relation au temps et à l'espace... Concernant le réel, également, ou plutôt ce que nous appelons *réalité*, dont l'essence semble fuir tout à la fois nos sens, notre langage et notre mode de compréhension habituel. C'est en effet d'une réalité mouvante, indéfinie, impermanente, interdépendante

« Ce n'est pas tant ce que le scientifique croit qui le distingue que comment et pourquoi il le croit. »

Bertrand Russel, *Histoire de la philosophie occidentale*

et en perpétuelle recréation que se pare le monde quantique. Une réalité potentielle et en devenir, dont la nature profonde semble à jamais voilée.

Révolutionnaire également est la vision de la matière que nous proposent les théories quantiques. Avec une approche de la structure des atomes et des noyaux atomiques fondée sur la notion de nuage de probabilité, de sous-structures emboîtées et de perte d'individualité propre des particules élémentaires. Enfin, et de façon hautement symbolique, que dire de la notion usuelle de *vide* que la physique quantique a totalement remise en cause, avec un vide quantique qui, paradoxalement, se révèle être un puits d'énergie infinie et créatrice…

La physique quantique est la clé de voute de l'édifice théorique de la physique moderne. Mariée à la théorie de la relativité d'Einstein, elle a déjà permis de comprendre la nature de trois des quatre interactions fondamentales connues, celles agissant au cœur de la matière et définissant sa structure et ses propriétés. Ainsi, au prix d'exorbitantes et monstrueuses collisions au sein d'accélérateurs de particules comme le LHC au CERN de Genève, on a pu entamer une lente descente dans les arcanes de la matière-énergie, zoomant toujours plus vers l'infiniment petit et l'infiniment énergétique, disséquant les protons et neutrons en quarks et gluons, pour atteindre finalement le seuil de détection du boson de Higgs, cette particule que d'aucuns appellent la *particule de Dieu*.

La résistance est inertie…

Si son surnom est exagéré, cette particule est néanmoins l'une des clés majeures de l'énigme de la masse des particules : comment les particules acquièrent-elles en effet une masse ? Selon le mécanisme élaboré par Peter Higgs et ses collègues, pour lequel ils ont reçu le prix Nobel de physique en 2013, la masse d'une particule serait ainsi issue du mouvement de cette particule dans le vide fourmillant de bosons de Higgs qui agiraient alors, aux faibles énergies, comme une sorte de mélasse sur la particule, lui conférant ainsi cette inertie qu'on appelle *masse*. De façon générale, la physique théorique actuelle enlève tout sens à considérer une particule comme existant à part entière, indépendamment des autres particules, tant réelles que virtuelles.

La puissance prédictive de ces théories quantiques, dont le cœur est constitué des principes de la physique quantique tels qu'exposés dans ce livre, est proprement époustouflante ! Par exemple, l'accord entre prévisions théoriques et mesures expérimentales de certaines propriétés d'électrodynamique quantique est si précis qu'il représente un écart de l'ordre de la taille d'un cheveu comparé à la distance Paris-Tokyo…

Les prévisions statistiques de la physique quantique standard sont également extrêmement bien vérifiées. Par exemple, celles en lien avec le phénomène d'interférences d'ondes de matière, sur lequel reposent les horloges et accéléromètres atomiques ultra-précis, ou celles liées à la création et manipulation de qubits, les bits quantiques utilisés par la cryptographie, l'information et la téléportation quantiques, ces domaines qui ont déjà commencé à révolutionner nos vies. On ne compte plus, de même, les applications technologiques du traitement quantique des matériaux solides : utilisation du phénomène de supraconduction dans les IRM et pour les trains à lévitation magnétique, réalisation de composants électroniques ultra-miniaturisés et robustes, création de nouveaux matériaux (graphène, nanotubes de carbone, semi-métaux de Weyl-Kondo, nano-particules...).

GRAVITATION, MATIÈRE NOIRE, ÉNERGIE SOMBRE... À CHAQUE PÉRIL SA PROMESSE ?

Il existe néanmoins de multiples limitations et problèmes ouverts, tant théoriques qu'expérimentaux. Sans oublier bien évidemment tous les questionnements philosophiques que ne manquent pas de soulever les étrangetés du monde quantique. Si les questions redressent et les réponses endorment, il semble bien que chaque nouvelle réponse fournie par la physique quantique nous donne moult occasions de nous redresser.

Le premier point d'achoppement concerne les liens entre physique quantique et théorie de la gravitation. En effet, s'il est possible de rendre compte de la force de gravité en physique quantique standard (en ajoutant simplement un terme dans l'équation de Schrödinger), et qu'une théorie quantique du champ gravitationnel a même été construite (celle qui prédit l'existence des gravitons, ces hypothétiques particules qui transmettraient l'interaction gravitationnelle entre deux objets), il n'en reste pas moins qu'il n'existe pas à ce jour de théorie satisfaisante unifiant ces deux théories.

À la poursuite de l'universel...

L'unification des théories scientifiques est un processus historique majeur qui s'est particulièrement amplifié au cours des quatre derniers siècles. On attribue généralement à Newton d'en avoir initié, en 1687, la première grande étape en montrant comment la chute d'un objet sur Terre et la rotation des planètes autour du Soleil relevaient toutes deux d'un même et unique phénomène appelé *gravitation universelle.* Dès lors, une recherche méthodique d'unification des phénomènes et théories scientifiques fut entreprise : par exemple, le magnétisme, l'électricité et la lumière à travers la théorie de l'électromagnétisme par Maxwell en 1864 ; l'espace, le temps et l'électromagnétisme à travers la théorie de la **relativité restreinte** par Einstein en 1905 ; cette même relativité restreinte et la gravitation par également Einstein au début des années 1910 lorsqu'il construisit sa théorie de la relativité générale ; la physique quantique et la relativité restreinte à travers les diverses théories quantiques des champs élaborées au cours des années 1930-1970 (dont l'électrodynamique quantique, la théorie électrofaible et la chromodynamique quantique), formant le paradigme actuel de notre compréhension du monde microscopique à travers la métathéorie nommée *modèle standard*...

La physique quantique usuelle, quant à elle, n'est pas issue de cette logique unificatrice. Tout du moins pas d'un point de vue théorique. Comme on l'a vu à travers ce livre, c'est une théorie construite en réponse à des résultats d'expérience incompréhensibles par les théories dites *classiques* (mécanique et électromagnétisme). C'est une collection de principes et de règles (certains, plus caustiques, diront de *recettes*) dont il n'est pas aujourd'hui possible de justifier clairement les fondements.

Il faut dire que la gravitation pose d'énormes problèmes aux scientifiques... Et pourtant, c'est la force la plus naturelle et la plus commune qui soit. Elle nous entoure et agit de façon manifeste dans notre quotidien, de la fourchette qui tombe aux étoiles qui dansent. En outre, depuis les travaux d'Einstein de la période 1907-1916, on en a une interprétation géométrique profonde en tant que déformation et courbure de l'espace-temps. Mais si la relativité générale, cette théorie d'Einstein mêlant gravitation et relativité du mouvement, s'est vue une nouvelle fois confirmée de façon éclatante ces dernières années avec la détection des fameuses ondes gravitationnelles, elle ne semble pas être en mesure de pouvoir fusionner avec les principes de la physique quantique.

De toutes les incompatibilités apparentes entre ces deux théories, deux paraissent en effet insurmontables. Premièrement, la notion de *continuité spatio-temporelle* ayant cours en relativité générale se heurte de plein fouet au principe d'indétermination de Heisenberg et à l'absence de la notion de *trajectoire quantique*. Deuxièmement, et c'est là certainement le hiatus le plus criant entre les deux théories, la notion de *vide quantique* est aux antipodes de la notion de *vide* telle que décrite par la relativité générale. L'écart de prédictions entre les énergies associées (quasiment zéro en relativité générale et quasiment l'infini en physique quantique) correspond même au plus grand écart jamais constaté entre deux prédictions scientifiques... Pied de nez céleste, ces deux théories sont paradoxalement aujourd'hui considérées comme les deux théories les mieux vérifiées au niveau expérimental, chacune dans leur domaine de prédilection, le cosmos pour la relativité générale et le monde sub-microscopique pour la physique quantique.

Diverses extensions et théories alternatives ont alors vu le jour pour tenter de résoudre ce dilemme connu sous le nom de *problème de la gravité quantique*. En tentant de faire sourdre la gravité des théories quantiques, par exemple, comme dans le cas de la théorie des supercordes, où les briques élémentaires ne sont plus les quarks et les électrons, mais de minuscules cordelettes abstraites évoluant dans un espace-temps à dix ou onze dimensions.

À l'inverse, on peut partir de la gravité, c'est-à-dire de la relativité générale, et essayer d'y introduire les principes quantiques. C'est le cas de la gravitation quantique à boucles, par exemple, où l'espace perd sa continuité au profit de minuscules grains d'espace en forme de boucles.

Il existe en fait actuellement plus d'une vingtaine de théories alternatives traitant de la gravité quantique. La plupart considère que l'espace-temps possède des propriétés supplémentaires (non-commutative ou fractale par exemple) ou qu'il n'existe pas en lui-même mais est défini et produit par l'interaction collective de particules ou d'espaces mathématiques abstraits. Même Einstein et Schrödinger s'essayèrent sans relâche, mais hélas sans succès, à l'élaboration d'une théorie unificatrice des interactions connues. Dans tous les cas, l'essentiel des problèmes d'unification entre gravitation et principes quantiques surgissent dans l'infiniment petit, lorsque l'on zoome jusqu'à atteindre la fameuse échelle de Planck, correspondant à une longueur un milliard de milliards de milliards de fois plus petite que la taille d'un atome !

Trop de théories concurrentes, pourriez-vous alors objecter ! N'est-ce pas se disperser alors qu'il faudrait peut-être concentrer nos efforts de recherche sur une ou deux théories uniquement ? Pas si sûr. D'autant plus face à l'amoncellement de questionnements et de faits observationnels et expérimentaux qui ébranlent nos certitudes depuis une quinzaine d'années. « Des petits cailloux dans les choses sûres », comme aime à les mettre en bulles le mathématicien français Didier Nordon. Des fêlures dans le bel édifice de la physique moderne, qui tout à la fois le fragilisent et lui donnent l'élan pour une énième métamorphose éclairée. Des fissures pour laisser entrer la lumière...

On a en effet tellement pris l'habitude de clamer que la physique quantique et la relativité générale n'ont jamais été prises en défaut, que nous en venons à croire en ces théories, à les vénérer comme des vérités immuables et sacrées. Légions sont pourtant les hérétiques anomalies actuelles ! À commencer par toute cette matière et cette énergie dont nous observons l'invisible présence par ses effets indirects dans l'espace lointain mais dont nous ne savons quasiment rien, si ce n'est que leur nature nous est totalement inconnue et que ni l'une ni l'autre n'entre dans le cadre de nos théories dominantes actuelles. Le vocabulaire est éloquent. Nous les avons appelées *matière noire* et *énergie sombre*, comme pour masquer notre ignorance et dissimuler notre désarroi. Et les observations ont de quoi nous garder de fanfaronner : selon les dernières estimations (issues des données collectées par la mission spatiale PLANCK entre 2009 et 2012), la matière noire et l'énergie sombre représentent respectivement 26,8 % et 68,3 % du contenu énergétique de l'Univers. La matière ordinaire, celle que nos théories les plus élaborées peuvent concevoir et comprendre, ne compte donc, elle, que pour moins de 5 % du total de la matière-énergie de l'Univers !

Depuis Nicolas Copernic (1473-1543), nous savons que nous ne sommes pas au centre de l'Univers, ni même au centre de notre galaxie... Ce que la science moderne nous dit maintenant, c'est que notre matière terrestre n'est même pas représentative de la matière majoritaire de l'Univers ! Nous, locataires temporaires de la Terre, sommes apparemment sur une planète quelconque, orbitant autour d'une étoile quelconque, appartenant à une galaxie quelconque, dans une région quelconque de l'univers observable... Et ce vertige du quelconque n'a cessé de s'amplifier au cours des cent dernières années. Dans tous les domaines, toutes nos certitudes sur l'absolu, la permanence et le réel se sont progressivement évanouies à la suite des travaux d'Einstein, Schrödinger, Bohr, Heisenberg et tant d'autres ! Il se pourrait même que notre Univers ne soit pas unique... Un univers quelconque peut-être, qui sait ?

DE LA BIOLOGIE À LA CONSCIENCE QUANTIQUE...

Il n'y a pas que dans les transats que des grains de sable peuvent déranger... De façon inattendue, la plupart des anomalies quantiques apparaissent en fait en creux :

des effets quantiques sont ainsi observés là où notre approche habituelle de la théorie est censée leur interdire d'exister. Un peu comme si la physique quantique fonctionnait trop bien et dépassait (de très loin) les attentes naturelles que l'on pouvait y mettre ! C'est par exemple le cas du phénomène de supraconductivité à haute température dans lequel la cohérence quantique des électrons est réalisée à des températures presque cent fois supérieures à ce qu'elles devraient être en théorie.

De même, des effets quantiques de longue durée de vie ont récemment été observés dans des milieux vivants, en complet désaccord avec l'approche usuelle de la physique quantique. Dans de tels milieux en effet, l'humidité, la chaleur et le nombre gigantesque d'interactions biologiques et chimiques permanentes ne permettent pas, normalement, qu'un effet de cohérence quantique puisse se maintenir au-delà de quelques millionièmes de milliardième de seconde. En pratique, cependant, certains effets quantiques ont été observés chez des êtres vivants (plantes et animaux) sur une durée de l'ordre de la microseconde, soit un milliard de fois plus que la durée maximale théorique ! Parmi ces effets quantiques, l'intrication d'états, l'effet tunnel, les interférences…

Les systèmes physiques concernés sont très divers. Les yeux de certains oiseaux migrateurs, par exemple, sont apparemment le siège d'un phénomène d'intrication d'électrons permettant aux oiseaux d'être magnétoréceptifs, c'est-à-dire de pouvoir se repérer par rapport au champ magnétique terrestre. De même, la surprenante efficacité de la photosynthèse (en termes de transformation d'une énergie lumineuse en énergie chimique) semble également être due à un phénomène d'intrication quantique entre des pigments chlorophylles. Et il en est de même, semble-t-il, des sens olfactif et visuel chez les animaux et les humains, ainsi que dans certaines mutations génétiques de l'ADN.

Schrödinger, le père de la biologie quantique

Peu de gens connaissent l'influence décisive qu'a eue Schrödinger en biologie, en particulier en génétique. Passionné par les questions d'hérédité depuis son plus jeune âge, il fut le premier à imaginer que l'hérédité (c'est-à-dire le génome en termes modernes) pouvait être codée sous la forme d'une longue molécule et modifiée grâce à des effets quantiques. Paru en 1944, son ouvrage *What is life* ? eut une si profonde influence sur Francis Crick et James Watson que les deux biologistes ne manquèrent jamais de remercier le génial touche-à-tout autrichien pour le rôle-clé de ses idées novatrices dans leur découverte de la structure en hélice de l'ADN en 1953 (qui leur valu le prix Nobel de médecine en 1962).

Une nouvelle étape a été franchie récemment avec l'avènement en 2010 d'une discipline scientifique inédite appelée *biologie quantique*. Plusieurs équipes de recherches travaillent actuellement à la visualisation de mutations génétiques spontanées de l'ADN qui seraient causées par des effets quantiques, en particulier par effet tunnel. Plus de soixante-dix ans après son travail prospectif sur l'hérédité et la transmission, Schrödinger serait bien surpris de voir fleurir autant de projets autour de ses réflexions avant-gardistes. Comme un clin d'œil *post-mortem* à cet homme dont le goût de transmettre (tant ses convictions personnelles que ses connaissances scientifiques et universitaires) fut comme un fil d'Ariane lumineux tout au long de sa vie.

L'observation d'effets quantiques dans le vivant, en particulier pour réguler et optimiser l'efficacité de capteurs sensitifs (de lumière, de champ magnétique, d'odeur...), mène naturellement à la question du rôle de la physique quantique dans le fonctionnement tant du système nerveux que du cerveau et, par ricochet, de la conscience. Bien que hautement spéculatifs et souvent controversés, de nombreux modèles de cognition quantique ont déjà été proposés en ce sens.

Celui avancé par le Britannique Roger Penrose et ses collègues, par exemple, repose sur le principe que les microtubules – ces molécules polymères en forme de petits tubes qui participent aux propriétés mécaniques des cellules – puissent être le siège de calculs quantiques, à la manière d'un nano-ordinateur quantique. Moins ambitieux, certains modèles plus récents se fondent sur des états quantiques intriqués de molécules de phosphate au sein des neurones, pendant que d'autres partent de l'hypothèse que des effets chaotiques classiques pourraient amplifier certains effets quantiques au lieu de les atténuer. Quelles que soient les confirmations ou infirmations de ces modèles, les implications de la biologie quantique sont telles que d'énormes investissements sont en cours pour explorer toutes les pistes que ce nouveau domaine des sciences ne cesse d'ouvrir depuis 2010.

Ouvertures et contemplations...

Cognition quantique, neurobiologie quantique, conscience quantique... Autant de portes vers deux domaines où presque tous les fondateurs de la physique quantique se sont aventurés avec gourmandise : ceux de la philosophie et de la spiritualité. Si Bohr, comme on l'a déjà dit, s'est vivement intéressé au taoïsme pour donner plus de sens à son principe de complémentarité, il ne fut pas le seul à explorer les philosophies orientales, jugées plus à même de rendre compte de la logique non-dualiste de la physique quantique.

Philosophies indiennes en particulier. Oppenheimer fut par exemple un amateur éclairé de la *Bhagavad Gita*, ce texte majeur de l'hindouisme, alors que Bohm dialogua toute sa vie avec le philosophe indien Jiddu Krishnamurti, et que Schrödinger n'eut de cesse de chercher des ponts entre les textes des Védas et les principes quantiques. Heisenberg, lui, se tourna davantage vers l'épistémologie pendant que Pauli échangeait sur la notion de synchronicité avec Carl Gustav Jung... Excepté Dirac, qui refusait d'entrer dans ce genre de discussions et de qui Pauli se moquait en disant « Dieu n'existe pas et Dirac est son prophète », tous les grands physiciens quantiques se sont tôt ou tard posé des questions existentielles sur la nature tant du réel que de leur propre réalité, vie et conscience. Einstein, par exemple, et bien qu'il ait eu des liens très forts avec le judaïsme, s'en remettait *in fine* à une sorte de religion cosmique où les mathématiques seraient le seul et authentique langage de la nature.

Comme Schrödinger, Einstein fit cependant montre d'un profond intérêt pour les autres domaines d'accès à cette nature que sont la littérature, comme celle de son ami et poète indien Tagore, et les arts d'une façon générale. Ces arts dont Pauli disait qu'ils sont les seuls capables de rendre concrètes les étranges et quantiques métaphores.

Aujourd'hui, si les relations entre les sciences et les arts sont en plein essor et sont, des deux côtés, encouragées et valorisées, celles entre science et spiritualité sont beaucoup plus complexes à appréhender. Exceptions mises à part, les professionnels de ces deux mondes semblent plus que réticents à vouloir pénétrer l'univers de l'autre, pour découvrir son mode de raisonnement ou ses croyances. D'un autre côté, les citoyens n'ont jamais été aussi en demande de sens et avides de s'approprier le langage et les idées de la science moderne, en particulier celles de la physique quantique.

LE DÉBUT D'UN AUTRE VOYAGE !

Bravo, nous sommes tous maintenant des ambassadeurs de la physique quantique ! Nous avons les cartes en main, les clés, pour comprendre l'actualité scientifique et garder un œil critique sur tout ce que nous pouvons lire en lien avec la physique des quanta. Un regard critique tant sur le fond (est-ce que tel ou tel effet ou phénomène quantique est correctement présenté ? interprété ?) que sur la forme (telle expression est-elle utilisée de façon adéquate ?). Regard critique, oui... mais ouvert ! Si de nombreuses personnes ou organisations peuvent, sciemment ou non, utiliser la physique quantique et son langage pour tromper le lecteur, ou simplement s'en servir de façon aguicheuse ou farfelue, cela ne doit cependant pas nous empêcher de rester ouverts aux nouvelles explorations, extensions et interprétations ayant comme cadre la physique quantique. Qui, par exemple, aurait parié il y a encore quelques années sur la réalité des ordinateurs quantiques ou sur les effets quantiques en biologie ?

Deux révolutions en marche qui, de façon étrange et pénétrante, doivent beaucoup à un physicien autrichien du XXe siècle, aussi génial et inspirant qu'iconoclaste et touchant, dont le nom résonne comme un envol : Erwin Schrödinger ! Alors, suivons son chemin, soyons créatifs et curieux, et surtout n'oublions pas : « Le monde n'est rien d'autre qu'une toile pour notre imagination ! » (Henry David Thoreau, *A week on the Concord and Merrimack rivers*)

GLOSSAIRE

Biologie quantique : Domaine scientifique ayant pour objet d'étudier les effets de cohérence quantique non triviaux (photosynthèse, sensibilité aux champs magnétiques, mutation de l'ADN...) observés dans des milieux biologiques.

Bosons-fermions : Selon la valeur de leur spin, les particules connues se classent dans l'une ou l'autre des deux catégories suivantes : bosons (spin entier) ou fermions (spin demi-entier). Alors que les bosons ont tendance à se regrouper dans le même état quantique lorsque la température du milieu décroit (condensation dite *de Bose-Einstein*), les fermions obéissent au principe d'exclusion de Pauli et ne peuvent donc pas occuper un même état quantique au même instant.

Chat de Schrödinger : Expérience de pensée conçue par Schrödinger en 1935 dans laquelle un chat était imaginé être dans un état superposé mort *et* vivant, résultat de son intrication avec un système microscopique quantique. L'expérience a depuis été réalisée avec de nombreux systèmes (atomes, photons...), tous très respectueux des félins.

Champ : Entité physique définie en tout point de l'espace et à tout instant (comme le champ magnétique terrestre par exemple) et utilisée comme intermédiaire pour décrire les quatre interactions physiques connues. Combinés à la physique quantique et à la relativité restreinte, les champs associés à ces interactions conduisent à la notion fondamentale de *théorie quantique des champs.*

Cohérence quantique : Propriété qu'on attribue à tout objet ou ensemble d'objets présentant des effets quantiques observables (ondes de matière, superposition et intrication d'états...).

Corps noir : Anti-miroir parfait. Object qui absorbe toute la lumière qui le frappe et émet en retour un rayonnement lumineux ne dépendant que de sa température.

Cryptographie quantique : Technique de cryptographie reposant sur l'utilisation de systèmes et de propriétés quantiques. La modification inévitable et incontrôlable d'un message crypté lors de sa lecture permet de déceler, avec une fiabilité *a priori* quasi-parfaite, toute tentative d'espionnage lors de la transmission du message.

Décohérence : Phénomène conduisant à une perte de cohérence quantique d'un objet suite à l'interaction de cet objet avec son environnement. Par extension, la décohérence est aussi la théorie qui traite de ce phénomène et permet de comprendre certains aspects du comportement d'un appareil de mesure.

Dualité onde-corpuscule : Concept traduisant le double comportement – ondulatoire et corpusculaire – observé pour des particules de matière et de lumière (à l'aide d'un dispositif de fentes d'Young par exemple).

Effet tunnel : Processus pendant lequel des objets microscopiques arrivent, du fait de leur nature ondulatoire, à traverser un mur en passant instantanément de l'autre côté. Les applications de cet effet quantique sont très nombreuses (semi-conducteurs, énergie nucléaire, microscopie de haute résolution...)

Effondrement du paquet d'ondes : Processus par lequel l'état quantique d'un objet est réduit à l'un des états quantiques propres de l'appareil de mesure, en l'occurrence celui correspondant au résultat numérique réellement obtenu (de façon aléatoire) lors de la mesure.

Électrodynamique quantique (QED) : Théorie issue de la fusion entre la physique quantique et la relativité restreinte qui traite des interactions entre lumière et matière avec une époustouflante précision.

Énergie du vide : Énergie typiquement quantique qui demeure même lorsque toute la matière et le rayonnement ont été supprimés. Selon la théorie quantique des champs, c'est une mer d'énergie fluctuante dont les particules connues seraient les fugaces soubresauts. D'une densité prodigieuse, mais apparemment inaccessible, l'énergie du vide peut néanmoins avoir des effets mesurables (effet Casimir, par exemple).

État quantique : Grandeur mathématique supposée contenir tout ce que l'on peut connaître d'un système physique. Techniquement parlant, c'est un vecteur à composantes complexes.

Fentes d'Young : Dispositif à deux fentes permettant de mettre en évidence la dualité onde-corpuscule tant pour la matière que pour la lumière.

Fonction d'onde : Représentation mathématique particulière d'un état quantique sous forme d'une onde de probabilité s'étalant continument dans l'espace.

Interférences : Phénomène physique apparaissant lorsque deux ondes (ou plus) se superposent et donnent naissance à une succession régulière de zones de faible et forte intensités (qu'on appelle alors *franges d'interférence*). Dans le monde quantique, ce sont les fonctions d'onde – ou états quantiques – qui se superposent, et des interférences sont également observées avec des particules (photons, atomes, molécules...).

Interprétation de Copenhague : L'interprétation de Copenhague est l'une des interprétations physiques les plus communes du formalisme mathématique de la physique quantique. Élaborée entre 1925 et 1927, essentiellement par Niels Bohr et Werner Heisenberg, elle fait l'hypothèse minimale que les objets n'ont pas de propriétés physiques bien définies avant que celles-ci ne soient mesurées. Selon cette interprétation, les seules informations prédictibles sont les probabilités d'occurrence des résultats possibles et il y a bien effondrement du paquet d'ondes lors d'une mesure.

Interprétation de de Broglie-Bohm : Cette interprétation alternative de la physique quantique a été développée par Louis de Broglie dans les années 1920, puis par David Bohm en 1952. Contrairement aux autres interprétations majeures, elle n'élimine pas *de facto* la notion de trajectoire des particules. Celles-ci sont déterminées à l'aide de l'équation de Schrödinger et d'une fonction d'onde globale définie sur tout l'espace (donc non-locale).

Interprétation des mondes multiples: Formulée par Hugh Everett en 1957, cette interprétation de la physique quantique est de plus en plus adoptée malgré son aspect fantastique. Elle réfute la nature probabiliste de la mesure ainsi que la réalité du processus d'effondrement du paquet d'ondes, et affirme que les différents résultats possibles de mesure sont bien tous obtenus, mais chacun dans un univers parallèle, le phénomène de décohérence expliquant la nature de l'état quantique après mesure. Selon cette interprétation, il y a donc une infinité de mondes parallèles en perpétuelle création.

Intrication: Phénomène typiquement quantique où deux particules (ou plus) initialement mises en relation semblent rester instantanément connectées quelle que soit la distance les séparant.

Mesure quantique: Opération de mesure ayant lieu dans le monde quantique (dans le domaine microscopique typiquement) et présentant plusieurs différences avec une mesure classique: les résultats possibles sont en nombre restreint (quantification); ils sont obtenus de façon aléatoire (nature probabiliste); et l'état quantique de l'objet observé est modifié par la mesure (effondrement du paquet d'ondes). Ces deux derniers points ne sont cependant pas acceptés de façon universelle et dépendent en particulier de l'interprétation utilisée pour décrypter le formalisme mathématique de la physique quantique.

Onde de matière: Ce concept, quasi-synonyme des termes *fonction d'onde* et *onde de probabilité*, permet de décrire les aspects ondulatoires des particules de matière. Pour une particule, cette onde est une onde de probabilité abstraite. Pour un condensat de Bose-Einstein, c'est une onde physique réelle.

Ordinateur quantique (informatique quantique): Ordinateur dans lequel des qubits sont utilisés pour coder l'information et réaliser les opérations élémentaires des portes logiques. La possibilité de faire des calculs sur des états quantiques superposés et intriqués rend ce type de calculateur exponentiellement plus puissant que ses équivalents classiques.

Physique classique: Ensemble des théories physiques (mécanique, électromagnétisme...) qui prédominaient avant le début du XXe siècle et l'avènement de la physique quantique et de la relativité restreinte.

Physique quantique: Théorie édifiée au début du XXe siècle en réponse à des expériences et observations inexplicables par la physique classique (quantification de la lumière et des énergies atomiques, dualité onde-corpuscule...). Techniquement, c'est un ensemble de règles mathématiques expliquant comment extraire les informations contenues dans un état quantique.

Principe d'exclusion de Pauli: Principe quantique interdisant que deux fermions soient dans le même état quantique au même instant. Ce principe permet d'expliquer la structure des atomes et diverses propriétés des matériaux solides.

Quantification: Structuration granulaire, sous forme de quanta, d'une grandeur physique. Par exemple, l'énergie lumineuse est quantifiée sous forme de photons.

Qubit : Analogue quantique d'un bit informatique classique. En pratique, c'est un système (atome, photon, ion...) possédant deux états quantiques correspondant aux états usuels 0 et 1 d'un bit classique. L'avantage d'un qubit est qu'il peut être mis dans une *superposition* quelconque des états 0 et 1.

Réalisme local : Principe selon lequel une particule ne peut être influencée que par son environnement proche (principe de localité) et qu'elle possède, avant toute mesure, une valeur bien définie, indépendante de l'appareil de mesure utilisé et de l'observateur (principe de réalisme). Le réalisme local est mis en défaut par le phénomène d'intrication quantique.

Relativité restreinte : Théorie proposée par Einstein en 1905 pour rendre compte de l'invariance des lois de la physique (mécanique et électromagnétisme) pour deux observateurs en mouvement relatif constant et uniforme. La constance de la vitesse de la lumière et la relation masse-énergie $E = mc^2$ sont deux caractéristiques de cette théorie. La relativité générale, également formulée par Einstein (en 1916), étend la théorie de la relativité restreinte aux mouvements relatifs accélérés et à la force de gravitation.

Saut quantique : Transition quasi instantanée entre deux états quantiques distincts. Les sauts quantiques peuvent se produire spontanément (désintégration radioactive ou désexcitation d'atomes) ou, semble-t-il, lors d'une mesure quantique.

Spin : Propriété quantique d'une particule, n'ayant pas d'équivalent classique et pouvant prendre uniquement des valeurs entières (0, 1, 2...) ou demi-entières (1/2, 3/2...). Dans ce dernier cas, les particules sont des fermions et obéissent au principe d'exclusion de Pauli.

Superposition d'états : État conduisant à plusieurs valeurs possibles dans la mesure d'une grandeur physique. Bien connu en physique classique pour des ondes, cette propriété est typiquement quantique lorsqu'il s'agit de particules.

Téléportation quantique : Transmission instantanée de l'état quantique d'un objet (un photon, un atome...) entre deux endroits distincts. Utilisant le phénomène d'intrication quantique, ce processus nécessite également un canal de communication classique, empêchant par là même tout envoi d'information à une vitesse supraluminique.

Théorie quantique des champs (TQC) : Cadre théorique général mêlant les principes de la physique quantique à ceux de la relativité restreinte pour décrire de façon quantique trois des quatre interactions fondamentales (faible, forte et électromagnétique). En TQC, les particules sont vues comme des excitations, de plus ou moins longue durée de vie, du champ quantique sous-jacent.

BIBLIOGRAPHIE

À LIRE

C. Antoine, *Introduction à la physique quantique*, Malakoff, Dunod, 2017.

J. Baker, *50 clés pour comprendre la physique quantique*, Malakoff, Dunod, 2017.

B. Benamran, *Prenez le temps d'e-penser, tome 2*, Vanves, Marabout, 2016.

M. Bitbol, *Mécanique quantique : Une introduction philosophique*, Paris, Flammarion, 2008.

B. Clegg *et al.*, *3 minutes pour comprendre les 50 plus grandes théories de la physique quantique*, Paris, Le Courrier du livre, 2015.

A. Connes, **J. Dixmier** et **D. Chéreau**, *Le Théâtre quantique*, Paris, Odile Jacob, 2013.

T. Damour et **M. Burniat**, *Le mystère du monde quantique*, Paris, Dargaud, 2017.

C. Fabre, **C. Antoine** et **N. Treps**, *Introduction à la physique moderne : relativité et physique quantique*, Malakoff, Dunod, 2015.

R. Feynman, *Lumière et matière : Une étrange histoire*, Paris, Seuil, 1992.

J. Gribbin, *Erwin Schrödinger and the quantum revolution*, Londres, Black Swan, 2013.

W. Heisenberg, *La partie et le tout*, Paris, Flammarion, 2016.

E. Klein, *Petit voyage dans le monde des quanta*, Paris, Flammarion, 2004.

M. Kumar, *Le grand roman de la physique quantique*, Paris, Flammarion, 2012.

M. Lachièze-Rey, *Einstein à la plage : La relativité dans un transat*, Malakoff, Dunod, 2017.

F. Laloë, *Comprenons-nous vraiment la mécanique quantique*, Les Ulis, EDP Sciences, 2018.

M. Le Bellac, *Le monde quantique*, Les Ulis, EDP Sciences, 2010.

B. Nicolescu, *Nous, la particule et le monde*, Éditions du Rocher, 2002.
S. Ortoli et **J.-P. Pharabod**, *Le cantique des quantiques*, Paris, La Découverte, 2007.
W. Pauli, *Physique moderne et philosophie*, Paris, Albin Michel, 1999.
C. Rovelli, *Et si le temps n'existait pas ?*, Malakoff, Dunod, 2014.
E. Schrödinger, *Qu'est-ce que la vie ? De la physique à la biologie*, Paris, Points Sciences, Seuil, 1993.
E. Schrödinger, *Physique quantique et représentation du monde*, Paris, Points Sciences, Seuil, 1992.
T. X. Thuan, *Les voies de la lumière*, Paris, Fayard, 2007.

À VOIR OU EXPLORER

J. Bobroff, *Voir la quantique ?*, conférence filmée, 2014 (visible sur YouTube).
B. Green, *The Fabric of the Cosmos*, série documentaire, NOVA, 2012 (visible sur YouTube).
M. Kaku, *A Universe in a Nutshell – The Physics of Everything*, documentaire, Big Think Editors, 2011 (visible sur YouTube).
G. Robin, *Quantum*, spectacle de danse, 2014
www.toutestquantique.fr, site web de vulgarisation de la physique quantique, avec de très belles animations et vidéos, ainsi que de nombreux liens pour approfondir le sujet.
www.blog.physicsworld.com, blog alimenté par des scientifiques du monde entier.
web.mit.edu/physics, blog du département de physique du MIT.
www.nist.gov/pao/what-quantum-physics-dancers-explain-animations-and-videos, certains effets quantiques illustrés par la danse, en collaboration avec le NIST.
www.novastructura.net, superpositions quantiques entre art et science.

INDEX

TABLE DES MATIÈRES

Crédits iconographiques

P. 6 © akg / Science Photo Library. **P. 49** © ESA, LFI & HFI Consortia. Image optique en arrière-plan : Axel Mellinger. **P. 74 :** © Antoine Weiss et Todorka Dimitrova (https://www.sps.ch/en/articles/progresses/wave-particle-duality-of-light-for-the-classroom-13/). **P. 105 :** © GJo – CC 3.0.

pca
cmb
édition pré-presse
livres numériques

44400 Rezé

77289 - (I) - BOU 80 - PCA - GCO
Dépôt légal : mai 2018
Achevé d'imprimer en Italie par Grafica Veneta, Trebaseleghe.